国家林业和草原局普通高等教育"十三五"规划教材
高等院校园林与风景园林专业规划实践教材

曾洪立 主编

风景园林专业
综合实习指导书
——华南篇

中国林业出版社

内 容 简 介

本书为国家林业和草原局普通高等教育"十三五"规划教材。本教材首次以风景园林规划设计的教学实习为目的进行编写。较为系统地总结了广州、深圳、香港、福州、厦门五地的园林实例。尽可能地将代表古今园林发展历程的实例摘选出来，以适应新时期的教学需要。实习案例的编写内容具体分为以下几个部分：背景资料，实习目的，实习内容，实习作业。每个实习案例均附总平面图，部分又附有景区局部平面图，便于识图辨位。

本教材适合于风景园林、园林、建筑学、城乡规划、环境设计、公共设计等专业的学生使用，也可供园艺、旅游管理及相关专业人员学习和参考。

图书在版编目（CIP）数据

风景园林专业综合实习指导书. 华南篇 / 曾洪立主编. — 北京：中国林业出版社，2018.5
国家林业和草原局普通高等教育"十三五"规划教材　高等院校园林与风景园林专业规划实践教材
ISBN 978-7-5038-7756-8

Ⅰ. ①风…　Ⅱ. ①曾…　Ⅲ. ①园林设计 - 实习 - 华南地区 - 高等学校 - 教材　Ⅳ. ①TU986.2

中国版本图书馆CIP数据核字（2016）第319777号

国家林业和草原局生态文明教材及林业高校教材建设项目

中国林业出版社·教育出版分社

策划编辑：康红梅　　　　　　　　　　　　**责任编辑**：田　苗
电　话：(010) 83143551　(010) 83143557　　**传　真**：(010) 83143516

出版发行	中国林业出版社（100009　北京市西城区德内大街刘海胡同7号）
	E-mail：jiaocaipublic@163.com　电话：(010)83143500
	http://lycb.forestry.gov.cn
经　销	新华书店
印　刷	北京中科印刷有限公司
版　次	2018年5月第1版
印　次	2018年5月第1次印刷
开　本	787mm×1092mm　1/16
印　张	15.25
字　数	283千字
定　价	35.00元

《风景园林专业综合实习指导书——华南篇》
编 委 会

主　　编　曾洪立

副 主 编　郭春华　徐　艳

编写人员（按姓氏拼音排序）

郭春华（仲恺农业工程学院）

霍晓娜（深圳北林苑景观规划设计有限公司）

李坤峰（深圳北林苑景观规划设计有限公司）

李　薇（北京西城区房屋土地经营管理中心）

刘　鹏（深圳北林苑景观规划设计有限公司）

苗静一（中央财经大学）

苗淑君（北京林业大学）

尚卫嘉（香港知专设计学院）

王　恒（北京林业大学）

王　威（深圳北林苑景观规划设计有限公司）

王予婧（深圳北林苑景观规划设计有限公司）

魏　轩（南京市市政设计研究院）

乌　恩（北京林业大学）

徐　艳（深圳北林苑景观规划设计有限公司）

许先升（海南大学）

薛　然（北京林业大学）

闫　晨（福建农林大学）

杨　葳（福州规划设计研究院）

曾洪立（北京林业大学）

曾雨竹（深圳北林苑景观规划设计有限公司）

庄晓敏（厦门大学）

前　言

　　岭南园林作为中国三大园林体系的一个分支,不仅继承了中国古典园林的传统思想,还由于独特的自然地理环境和开放兼容的人文环境,形成了独特风格。以广州地区为中心,岭南园林具有精巧秀丽、兼容并蓄和古朴淳厚的地方特色。它发展到现代之后,除庭园创作技艺进步趋于精湛外,又向宏观尺度的城市公园和微观尺度的花卉造景两方面延伸,产生了许多优秀作品,造福于社会和人民。20世纪80年代,受到改革开放之后的社会发展大环境影响,广州、深圳、香港等地的城市园林建设成为国内园林界人士学习的典范。

　　为了更加丰富与完善综合实习内容,本书特以广州、深圳、香港、福州、厦门为目的地,汇集众多实例进行实习指导书的编写,为全国特别是华南地区的相关专业院校提供教学资料,使综合实习这一重要的教学环节更加科学化、系统化、实用化和全面化,突出实用目的。

　　承担本书编写任务的人员是来自内地和香港地区的多所高等院校的教师和设计研究机构的设计师,从教学和实践的双重角度出发,筛选代表性案例,搜集翔实的资料,尽其所能,务求有效和完备。

　　本书编写的过程中得到北京林业大学、深圳市北林苑景观及建筑规划设计院有限公司、中国林业出版社的大力支持,特此表示衷心感谢!

　　初次以教学实习为目的来系统编著华南地区的园林实例,由于时间、学识和资源所限,书中疏漏和不妥之处,敬请广大读者批评指正。

《风景园林专业综合实习指导书——华南篇》编写组

2017年12月于北京

目　录

广州园林

北京皇家园林、江南私家园林和广东岭南园林称为中国园林艺术的三大流派。

就总体风格而言，岭南园林具有精巧秀丽、兼容并蓄和古朴淳厚的地方特色。它发展到现代之后，除庭园创作技艺进一步趋于精湛外，又向宏观尺度的城市公园和微观尺度的花卉造景两方面延伸，产生了许多优秀作品造福于社会和人民。广东作为岭南园林重要的发祥地，在继承中国传统造园艺术的基础上，结合自身的文化特点和时代特征进行了许多创新实践，逐渐形成了别具特色的园林风格。其中，广州公园与艺术园圃的营造，就是很好的代表。

一、广州园林发展的历史沿革

广州园林历史悠久，起源于"三朝十帝"之宫室园林。广州曾经是南越、南汉、南明三朝十帝之都，"海上丝绸之路"的起点，南汉时期有"园林宫馆、苑圃 8 处，宫殿 26 个"（曾昭璇：南汉兴王府殿宇寺观建筑），都是仿效秦宫"引渭水为池，筑为蓬、瀛"的格局。至今有遗迹可考的遗址有南越王宫署御苑、歌舞岗、越王台、呼銮道、流花石桥、甘溪苑等。其中最为著名的是南宫御苑"药洲"（曾昭璇：南汉池苑考）。南汉乾亨三年（919 年），开国皇帝刘䶮在今广州西湖路、教育路一带，引源自白云山麓的甘溪和文溪两条溪流之水，利用番山、禹山和坡山之间的狭长地带，开凿"仙湖"（西湖），长约 1600 m。湖岸建亭、馆、楼、榭，湖中辟绿洲，上植红芍及奇花异木。后又广罗江苏太湖、安徽灵壁、广东三江、封开等地的奇石，以天上九曜星宿为象征，在绿洲上垒石筑山。刘䶮还在此聚集方士炼丹，故绿洲又有"药洲""石洲"之称。宋统一岭南后，药洲成为士大夫泛舟觞咏、游览避暑胜地。北宋熙宁初年（1068 年），理学始祖周敦颐将此地变为转运使署官府第，寓居于药洲，西湖的白莲给他留下了深刻印象。之后，书画大家米芾也慕名来游赏药洲，于熙宁六年（1073 年）在湖中的仙掌石上题书《九曜石》五言绝句一首，"九曜石"一名来源于此，元祐元年（1086 年）在笏石上题书"药洲"等25 字。元代，"药洲"被称为"南海郡圃"。明代，"药洲"被列为"羊城八景"之一，称为"药洲春晓"，宣德年间改为濂溪书院，正统年间改称为崇正书院，清代亦是学府圣地，正所谓"千载文宗地，百家集雅居"，为广州的一处人文胜景。现"药洲"遗址陆地面积约 500 m^2，水面面积约 370 m^2。

再从广州其他历史年代保留下来的九园（911—972 年）、光孝寺、六榕寺、波罗神庙、三元宫、漱珠岗纯阳观等一系列古庭院及珠江三角洲的四大名园（东莞"可园"，佛山"梁园"，顺德"清晖园"，番禺"余荫山房"）等可以看到岭南园林的发展轨迹和文化底蕴。

唐宋时期，荔枝湾已为民间游览胜地，建有荔园等，并有许多诗社书院、雅宅精舍、祠尊、墓园，营建于珠水云山之间，亭台楼阁、桥廊馆榭，气象万千。

当时有文人雅士评点出"羊城八景",享誉至今。明清时,广州民间赏花栽花蔚然成风;同治年间形成除夕花市,花海人潮,历代相传,使羊城又添"花城"美称。同时,又有光孝、华林、长寿、海幢、六榕、药师、能仁、白云、大佛等寺院以园林取胜,被世人称为"广州十大丛林"。广东的私家园林兴起于康熙二十四年(1685 年)的开海贸易以后,到晚清时,广州民间造园十分普遍,达官富商多在宅旁构建园林,当时较著名者有 70 余座。如潘有度的"南墅",潘季彤的"秋江池馆""梅苍枝花园",十三行富商潘仕诚之"海山仙馆"等。此外,晚清时市郊的白云山和石门风景区也有一些建设。这些古代的公共游憩地,后来多数成为公园的前身。据载,广州最早的公园雏形,可能是宣统二年(1910 年)两广总督岑春煊题名的城郊黄埔公园(位于长洲岛上,后称中正公园,现仅存遗迹)。

辛亥革命后,民国元年(1912 年),孙中山先生倡导植树造林,带头在广州黄花岗手植马尾松(*Pinus massoniana*)4 株(今仍存活 1 株)。民国 7 年(1918 年),孙中山先生将清明节定为植树节,并倡导建成广州第一公园(后称中央公园),面积 4.46 hm^2。

广州作为广东省的省会城市,在新中国成立初期只有 4 个公园。1949—1957年间,将汉民公园改建成动物园,整理恢复了海幢公园,开辟了沙面公园,新建了文化公园、广州起义烈士陵园、植物标本园(后改为广州兰圃),使广州城市公园达到 9 个,总面积增至 168.3 hm^2。五六十年代及 80 年代初,广州建造了一批优秀造园作品,如山庄旅舍、双溪古寺、兰圃、三元里矿泉客舍、北园酒家、泮溪酒家、白天鹅宾馆、故乡水和文化公园的园中园等,新建了流花湖公园、东山湖公园、荔湾湖公园、麓湖公园、晓港公园、东郊公园(今天河公园)、中国科学院华南植物园(以下简称华南植物园)、海员公园(今黄埔东苑)、广州动物园(迁址重建)、芳村公园(今醉观公园)、蟹山公园 11 个公园,引起了国内外造园界的广泛注目,使广州的公园数量达到 20 个,总面积增至 917 hm^2。近 30 年来,新建立了勐苑、草暖公园、鸣春谷、广州碑林、能仁寺、云台花园、雕塑公园、粤晖园(99 昆明世博会广东园)、芳花园(1983 年德国慕尼黑国际园艺展览会中国园)、珠江公园、东站绿化广场、九曜石遗址园、二沙岛滨江绿化景观带、白云山绿化休闲带等一系列高水平的岭南新庭院。此外,近年来还在城市郊区营造了大量生态型的村镇公园,如橄榄公园、杨桃公园及瀛洲生态公园等,为市民的休闲游憩提供了新的空间。据 2016 年 11 月公布的《广州市环境保护第十三个五年规划》显示,"花城绿城"的建成区人均公园绿地面积为 16.5 m^2,森林覆盖率为 42.03%。

广州是中国南方著名的花城,一年四季鲜花盛开,花事活动不断。广州的艺术园圃园地虽小却景象万千,营造的艺术水准要求较高,文章非常难做。每年春节在越秀公园举办"广州园林博览会"。从小园圃的造园实践到大园建设,其艺术的原理与成果是共通的,广州的公园建设与管理水平也因此得到了提高。

二、广州园林发展的影响因素

广州园林地方风格的形成受到自然条件和人文历史环境的深刻影响。

首先，广州自然环境条件优越。地处南中国海滨，气候类型属亚热带气候，植物资源丰富，生长期长且长势旺盛，只要稍加经营，就可以形成丰富茂密、花繁色艳、四季常绿的植被景观。广州城区雨量充沛，年平均降水量约 1638.8 mm，市区大部分位于红色岩系的构造盆地上，主要地貌类型为低山丘陵与河泽台地，有利于地表径流的收集和排放，易形成积水湖。炎热的气候使当地民居十分喜爱清凉的居住环境：采取了通风凉爽、开敞通透的建筑空间形式，建筑造型也以畅朗轻盈的风格为主；园林中普遍使用开阔的水景，注重水景的自然式风格布局。珠江三角洲为冲击河谷，地质表层富含深厚的红壤，缺少中国传统园林中喜用的造景石材，因而在园林中多应用灰塑、水泥塑石工艺塑造人造石、山景观，形成园林造景中的一大特色，创造了许多自然石材不能达到的尺度规模和艺术形式。珠江三角洲的土壤肥沃，不仅适宜动植物的生长，还为广州人提供了丰盛的农副产品和艺术创作灵感，因而园林里活动内容极为多样化，园林艺术的创作也更为自然乡土化。热带地区的人们一般比较好动，情绪热烈易激动，因而园林中的游乐设施和运动内容相当丰富，广州人普遍喜爱足球、羽毛球和游泳等运动，运动场、迷你高尔夫球场、游戏厅、儿童游戏场、老年人喜爱的门球场、茶座设施等都比较普及。

其次，广州具有悠久的历史和丰富的人文资源。最初广东人来自于民族大迁徙，先民们经历了无数艰辛和颠沛流离，因而十分注重现世生活，讲求实际。其中，以广州市民最具代表性，尤为重享受、求舒适，园林风格也是如此。南汉时期已经有了皇室宫苑的营造活动，富豪名宅的私家建筑庭院亦负盛名。自古以来广州一直保持着比较开放、讲求实际的文化和社会环境，尤其是沿海地区贸易发达、商业繁荣、侨眷众多，这又使一般民众的生活都比较富裕，而且民间渠道的内外交流从没有因为国内的政治动乱而中断，人们的思想比较解放，易于接受新鲜事物和新理念，鄙视泥古、因袭，因而园林多受到追新求异和外来因素的影响，呈现出奇异创新和异域风格。广州人喜交朋结友、消闲遣兴、商务洽谈等社会活动，还喜美食烹饪、喝茶饮酒、听曲唱歌、欣赏粤剧和流行音乐等生活享受。它反映到公园的艺术创作上，就表现出一种较为自由多样、富有人情味的山水布局形式和文化内涵，园林建筑明快、开朗、新颖、多姿，植物景观效果色彩艳丽、活泼热烈、层次丰富，酒家园林、宾馆庭园、音乐茶座园林、体育健身公园、展览公园等多种功能集于园林之中。

广州园林的这些地方风格，是在特定的自然和社会生活条件下逐步形成的，其内在的生命力是蓬勃发展的动力。

三、广州园林的风格特征

广州是岭南文化的主要发源地。岭南画派、岭南建筑、岭南园林、岭南盆景、南音、粤剧、粤语及城市景观、生活习俗等，均有别于我国其他地区的文化风格，因而广州的园林表现出独特的地方风格。主要归纳为以下4点：

1. 四季常绿、繁花如潮的植物造景

广州地处亚热带，植物资源丰富，长势旺盛，体型高大，四季常绿，繁花如云，色彩艳丽，富有热烈、缤纷的南国情调。常用的基调树种有木棉、红花羊蹄甲（*Bauhinia blakeana*）、凤凰木、蓝花楹、大花紫薇、白兰、南洋楹、台湾相思、橡胶榕、南洋杉、假槟榔、皇后葵、王棕、短穗鱼尾葵等高大乔木。广州的市花——木棉，姿态挺拔，花朵硕大、鲜红，十分夺目。

广州园林中种植数量较多、花色比较艳丽的季相乔灌木，春季有桃花、刺桐、木棉、宫粉羊蹄甲（*Bauhinia variegata*），夏季有凤凰木、夹竹桃、大花紫薇、黄槐决明，秋季有大红花远志（*Vernonia parishii*）、木芙蓉、珊瑚藤，冬季有红花羊蹄甲、一品红，依据植物的群落组成规律和观赏特色，经过合理的种植

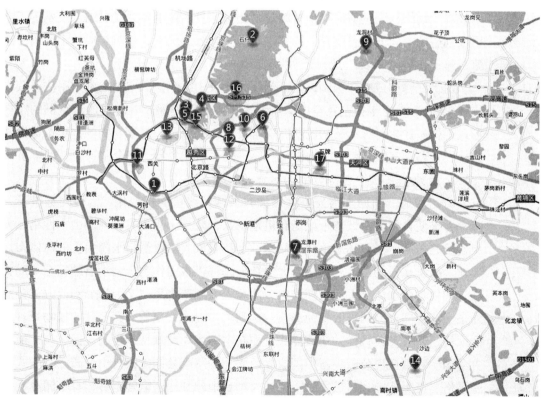

广州市区公园分布（苗淑君改绘）

1. 白天鹅宾馆	7. 海珠湖公园	13. 流花湖公园
2. 白云山风景区	8. 花园酒店	14. 余荫山房
3. 草暖公园	9. 华南植物园	15. 越秀公园
4. 雕塑公园	10. 黄花岗公园	16. 云台花园
5. 兰圃	11. 荔湾湖公园	17. 珠江公园
6. 动物园	12. 广州烈士起义陵园	

搭配和养护管理，构成各季节的特色景观，为"花城"增添色彩。

在引种观赏植物新品种和花境布置的块面、线条、色彩、装饰等方面，借鉴了英国、中国香港、泰国、新加坡及东南亚国家的经验，提高了植物造景的水平。

广州园林十分讲究植物景观的意境创作，以兰圃为例，该园建造因地制宜，手法超逸，得景随形，具有蔽外隐内、含蓄秀美的艺术效果。全园周边以竹丛环绕以蔽外，而后在狭长的地形上，利用分区、建筑庭院、假山池沼和温室棚架等营造出适合不同特质的兰科植物生长环境，创造出不同的意境，有静、幽、趣、雅、秀5个景区为代表。

2.注重功能、自由活泼的园林建筑

广州园林里的园林建筑式样丰富，造型多样，富于变化，不拘一格。平面上力求自由活泼，曲折变化；立面上力求简洁通透，高低错落；色彩上力求清新明快，淡雅别致；装修上力求工艺精巧，诗情画意。小至门洞、景窗，大至亭台楼阁，在造型上既继承和发扬中国传统建筑的民族形式，也引进西方建筑风格，结构、工艺和材料上则又与时俱进，多符合时代的施工建造特点。现代园林建筑选用玻璃、钢结构、钢筋混凝土材料等，通过加色、拉毛、磨光、纳米技术等工艺手段创造出不同的质感效果。园林建筑空间开敞、灵活，建筑布局利于通风、纳凉，建筑造型无以不以轻盈畅朗为特色。

建筑庭园构成的园中园，是广州园林建设中组织园景空间的常用手法，其影响在1970—1980年曾遍及全国。所谓园中园，就是通过院落式建筑组群的布局形式，把一些相对独立的景区功能安排其中，如展示、酒家、剧场、宾馆等，并穿插设置若干庭园。园中园的游赏内容不同，情趣各异，使全园景观更加丰富。

3.因地制宜、中西合璧的山水园景风格

广州的地形断面多为丘陵状缓坡，水域岸线呈曲折变化，因而园林设计一般都力求使自然的山坡与水域能有机地联系，减少工程成本，强调山水性格，突出自然之美。广州园林的总体布局基本上都采取了以自然山水园为主的总体布局形式，注重水景的创造和利用。大多数公园都以水面作为全园景点的构图布局中心，利用自然水体，人工挖湖堆山，甚至人为创造水景。又因为受到西方文化的外来影响，部分公园采取较为严整的规则式布局和大面积开阔草坪的植物景观空间形式、西方古典式样的建筑样式，如新中国成立前规划建设的人民公园（原中央公园）和黄花岗公园、新中国成立后兴建的草暖公园、云台山公园等。欧式墓园风格、英国花园和自然风致园、意大利台地园和法国宫廷园林、日本园林、美国现代造园都可在广州园林中找到它们的踪迹。

4.模拟自然、巧夺天工的仿真造景工艺

岭南地区世代流传的民间灰塑工艺中的花木鸟兽和人物形象常用于装饰古建

筑和古园林，英石等叠山置石材料构筑的传统园林石景多追求淳朴、凌厉、浑厚等气质。新中国成立后，广州的园林匠师们把传统的灰塑发展成为水泥塑，可以塑竹、松、石、山、人物、大树、溪涧等，形象逼真，工艺精巧。尤其是水泥塑山，具有造价低、自重轻、造型灵活多样、施工自由度大等优点，能将自然山川的峰峦洞穴、崖壁溪涧等特征进行提炼概括，然后较为自由地表现出来，并通过预留种植穴等方法结合植物种植进行点缀，突破传统假山构筑的工艺局限，使得在一些缺乏天然景石资源和施工条件的地方的工程项目中，也能创作出富于野趣的模拟自然山川巨石景观，大大丰富了岭南造园艺术的表现手法。

【白天鹅宾馆庭园绿化】

一、背景资料

广州白天鹅宾馆位于广州市荔湾区沙面岛的南端，面向白鹅潭，由莫伯志院士和余畯南院士合作主持完成，是中国第一家中外合作的五星级宾馆，也是中国第一家由中国人自行设计、施工、管理的大型现代化酒店。白天鹅宾馆具有岭南风格，配合"食在广州"的理念，形成了优雅的广州酒家园林。

白天鹅宾馆，由东至西为一狭长地段，东西长 600 m，南北深度 50～80 m，东部一段用作公共绿地，其余为宾馆建设用地，总面积约 30 000 m²。游客的主要入口由南岸设立高架桥引入，南面则设有游船码头，供游艇停靠休憩之用；宾馆西面为服务用车出入口，首层北面是职工和服务人员的出入口。

二、实习目的

（1）了解岭南酒家园林的造景特点，学习其造园手法。

（2）讨论白天鹅宾馆是如何进行岭南园林的创新与发展的。

（3）通过实地考察、记录、测绘等工作掌握白天鹅宾馆的整体空间布局及其区位布局。

三、实习内容

（一）总体布局

主楼布置在建筑用地的东北角，距离黄沙仓库区较远，既避免烦嚣的干扰，又尽量与东面的引入线接近。另外，由于地形狭长，如果将引入线的终点设在主楼，则回车部位局促，因此采用尽端侧入式的门厅，其位置大小，以能与电梯厅相接为度。主楼为高层，位于用地北侧，地位较隐蔽，但可从高处眺望珠江；公共部分为低层，设在主楼之南，将人流集中在停留时间较长的餐厅、休息厅、会议厅等场所，这些场所安排在临江一带，旅客在休息或用餐时，可以临江览胜。其余服务及设备用房则设在主楼地下室和东北角。地段的西南部分为开阔的园林区，设有游泳池及露天餐厅。

（二）建筑设计

采用高低层结合，主楼与底座构成一个整体，并点缀若干琉璃瓦屋面的小体量建筑（如琉璃组亭、长廊之类），体现出一些民族传统气氛。主楼的客房层数要求不多于 25 层，每层安排 40 间客房，其结构长度最大限度为 80 m，否则要设伸缩缝。南北总长 160 m，刚好够安排 40 间客房。所有垂直交通、服务设施

用房安排在平面的中心地带，构成一长腰鼓形的平面，体型简练而有变化，垂直的体量因低层底座和引桥的水平体量的衬托，显得更加挺拔而稳定。从江面看过去，像白羽仙姿的白天鹅游息在碧波之上。

（三）空间组织

根据狭长地形的特点，建筑群体的空间组织，采用民族传统的庭院体系，渐进型的序列变化，建筑空间与庭院空间沿着一条轴线交替布置。高架桥廊东西走向，桥廊的北侧是沙面的楼宇园林，南侧为滔滔江水，构成静与动的平衡。来到大门处，空间由旷阔突然变成收束，进门厅为华丽的室内空间，中庭空间开放，绕中庭布置门厅、餐厅、商场、会议厅等公共场所，构成上下沟通、左右流畅的大空间。

绕过中庭，楼层上下设餐厅，空间收束。过此，空间突然奔放，在此布置大型园林，园分东西两部分，以一组琉璃亭为空间过渡，成为空间序列变化的高潮。亭组面临水池，池的西岸为草坡，水杉成林，衬以回廊曲栏、石壁瀑布，极富岭南风味；东部设游泳池，沿池有休息用的铺砌地面。庭园布置较为方整，庭西为长堤，沿堤植巨榕，与沙面堤岸的古榕取得协调统一，长堤处于内园与白鹅潭之间，使内外的自然景色有更深远的层次，堤上设便餐座位。总的来说，整体空间组织安排是由大而小，由含蓄到开放，由简练到丰富，是渐进型序列变化的典型。

（四）庭园设计

1.中庭花园

宾馆南临珠江河网交叉点"白鹅潭"，北靠沙面风景区。该区原是羊城八景之一的"鹅潭夜月"的所在地，环境优美。宾馆庭园设计提出的基本要求是：庭园与建筑物应相得益彰，相互协调，为各国宾客提供舒适的居住环境。

中庭面积约 1000 m²，透光顶棚高约 15 m，在庭园设计时，不仅考虑到平视、仰视和环视景观，还考虑到俯视景观。

中庭西侧正对门厅处，设置一座大型的横纹英石假山，假山高约 8 m、宽 6 m。山顶设一藏式金顶小亭，飞瀑由山顶小亭前呈两级直泻而下，落差达 6 m，下有山洞，可供人在此小坐，体验"小帘洞"的意境。山上刻有"故乡水"三字，表达了海外游子的思乡之情，左下方刻有刘海粟和黄金海的诗文："穿山透石不辞劳，地远方知出处高。溪涧岂能留得住，终归大海作波涛。"意境颇为深远。悬崖飞瀑，激浪翻腾，山石壁立，气势磅礴，构成了中庭空间的主景。

中庭绿化采用了空中绿化、地面绿化和水池绿化三者兼顾的方式。10 余盆崖姜、巢蕨等植物从天棚悬挂下来，错落有致、疏密相间。上下 3 层走廊的花槽中也密植了天门冬、迎春花和绿萝等植物，层层垂挂，宛如空中绿帘。假山虽是

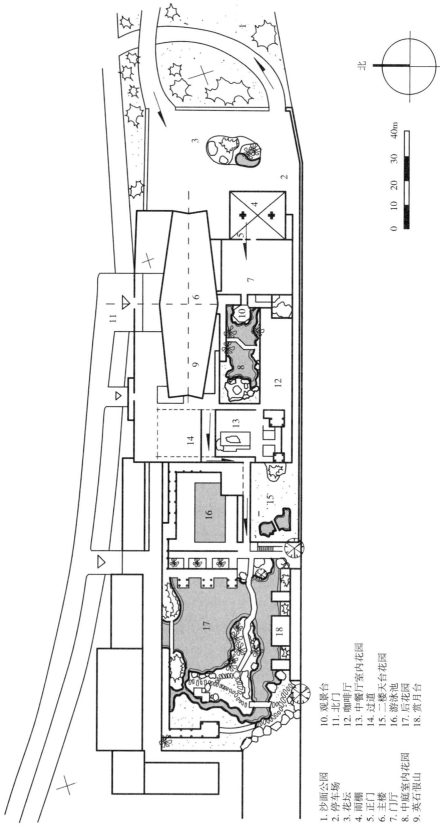

北

0 10 20 30 40m

1. 沙面公园　　10. 观景台
2. 停车场　　　11. 北门
3. 花坛　　　　12. 咖啡厅
4. 雨棚　　　　13. 中餐厅室内花园
5. 正门　　　　14. 过道
6. 主楼　　　　15. 二楼天台花园
7. 门厅　　　　16. 游泳池
8. 中庭室内花园　17. 后花园
9. 英石假山　　18. 赏月台

白天鹅宾馆庭园总平面图 [改绘自：刘少宗，《中国优秀园林设计集》（一）]

广州园林

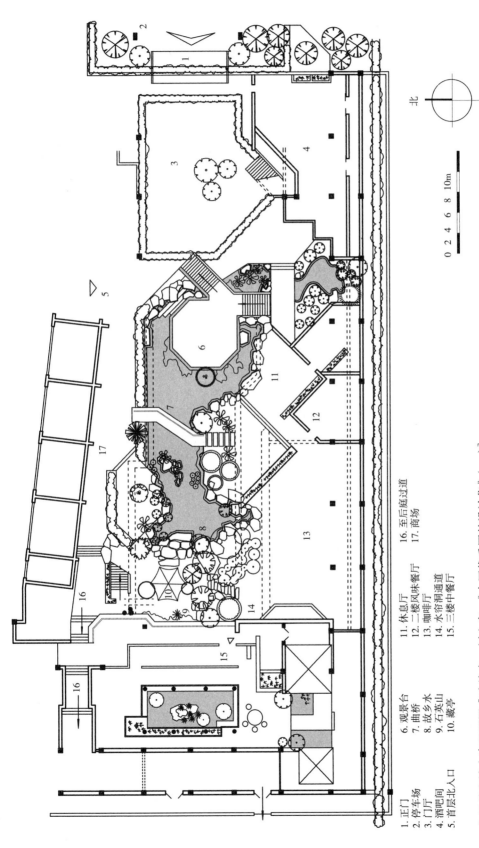

1. 正门
2. 停车场
3. 门厅
4. 酒吧间
5. 首层北入口

6. 观景台
7. 曲桥
8. 故乡水
9. 石英山
10. 藏亭

11. 休息厅
12. 二楼风味餐厅
13. 咖啡厅
14. 水榭洞通道
15. 三楼中餐厅

16. 至后庭过道
17. 商场

北

0 2 4 6 8 10m

白天鹅宾馆中庭平面图 [改绘自：刘少宗，《中国优秀园林设计集》（一）]

悬崖峭壁，但在预留的种植穴中也种植了野芋（*Colocasia antiquorum*）、石菖蒲、崖姜（*Pseudodrynaria coronans*）、肾蕨、牛轭草（*Murdannia loriformis*）和大罗伞等，高处光线充足，植有荷花玉兰、玉兰、杜鹃花、桂花、紫藤和簕杜鹃等，把人工山石装扮得绚丽多彩，消除了生硬和分量过重的感觉。

中庭绿地面积十分有限，为加强地面的绿化效果，除适当密植灌木外，还栽植了一批何氏凤仙、地菍和花叶冷水花等地被花卉。在水池、桥头等处，布置了散尾葵、苏铁蕨和鸡蛋花等，并栽种了12株树干挺直的假槟榔，醒目突出，增加了花园的画面层次和景深，亦展现了花园的热带风光特色。

2. 后院花园

园内组景分为东、西两部分。园东设有游泳池，园西设有水池、花架、溪涧、平台、岩壁石景等，也是欣赏"鹅潭夜月"的好地方。

3. 中餐厅花园

中餐厅位于中庭西侧三楼，有一个由小亭、水池、景石及小过厅组成的小型天台花园，面对白鹅潭；以及一个带透光顶棚的室内花园，是一处由门厅、回廊、大餐厅及小餐厅围绕而成的休息空间。室内花园是穿插到建筑空间内部的小园林，中间筑有一个长方形的池子，布局如四合院的"天井"，池子中有一小岛，上置白英石数块。中餐厅的建筑装修形式富有民族特色及地方特点，给人以强烈的艺术感受。园内没有过多装饰，只种了几丛金丝竹（*Bambusa vulgaris* var. *striata*）、观音竹、棕竹和散尾葵，摆放了盆栽桂花、山茶等古典园林中常见的花木。虽着墨不多，却格调清新、素雅。

四、思考题

白天鹅宾馆位于原是羊城八景之一的"鹅潭夜月"所在的区域，该区环境优美。仔细说明宾馆庭园的设计是如何将庭园与建筑物融合在一起，并能够取得相得益彰、相互协调的效果，为各国宾客提供舒适的居住环境。

五、实习作业

（1）草测中庭花园平面图、4个立面图。

（2）速写室内庭院设计小景4处。

（曾洪立 许先升 编写）

广州园林

【白云山风景区】

一、背景资料

位于广州市旧城中心区北部，距市中心约 6 km，是广州市著名的风景胜地。主峰摩星岭海拔 382 m，古称"天南第一峰"，是广州市最高峰，也是我国极为罕见的城市山峰。"白云山"之名源于秋晴时日山中"白云缭绕青山之间"的绚烂景象。白云山气势磅礴，山峦起伏，沟谷纵横，风景优美，名胜古迹甚多，历史上羊城八景中的"菊湖云影""白云晚望""蒲间濂泉""景泰僧归"都在白云山里。

在广州市的国际现代化城市建设中，白云山风景区既是广州市传统城市轴线的延续，也是自然山水延续到城市环境中的空间联系轴线，对调节城市生态环境起着重要作用，还是自然生态保护培育中心。

白云山自北向南分为山北、山顶、麓湖 3 个风景区。麓湖区内，绿树成荫，湖面平静如镜，由麓湖可乘缆车至山顶。麓湖公园原名"金液池"，占地面积约 205.12 hm²，其中湖面约 20 hm²。麓湖原为 1958 年初修建的人工湖，起排洪蓄洪的作用，后辟为公园。湖上存亭桥、湖心小筑等园林景观建筑，湖畔有白云仙馆、鹿鸣酒家、高尔夫乡村俱乐部、星海园、聚芳园、广州艺术博物馆、鸿鹄楼、儿童小乐园、云山乡村、四方地绿化广场等景点。山顶公园占地面积 52 hm²，有多处上山游客的集中驻足点，可凭栏远眺广州城东南部市景。公园内有白云晚望、天南第一峰牌坊、郑仙岩、鸣春谷、白云索道、山顶广场、挹翠亭、云漈瀑布等景点。白云山山北公园位于白云山北部，总占地面积 54 hm²，园内林木繁茂，地形多变，环境清雅，空气清新，人文历史景观丰富。主要景点有白云松涛、松涛别院、明珠楼、湖畔草坪、明珠女塑像、凌香馆、明珠楼、桃花涧、松风轩、黄婆洞水库、回归林等。云溪生态公园位于白云山西侧，规划总面积 93.5 hm²。公园自 2000 年 7 月开始正式动工，第一期工程占地 30 hm²，园内依山势起伏开辟的摩云路将观荷园、叠水园和果香园 3 个园区串联起来。据测，沿路森林空气中的负离子含量高达 6500 个 /cm³。观荷园内种植了 20 多个稀有品种的各色荷花及睡莲，过云溪有广州第一条绿色人行天桥，还有一堵脱氧核糖核酸DNA 构造式样的特色围墙，与周围的建筑物协调一致。

二、实习目的

（1）了解白云山风景区的历史沿革，熟悉其总体布局及主要景点的设计特点。

（2）通过实地考察、记录、测绘等工作，掌握白云山风景区的整体空间布局及造景手法。

風
景
園
林
专
业
综
合
实
习
指
导
书
——
华
南
篇

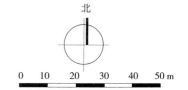

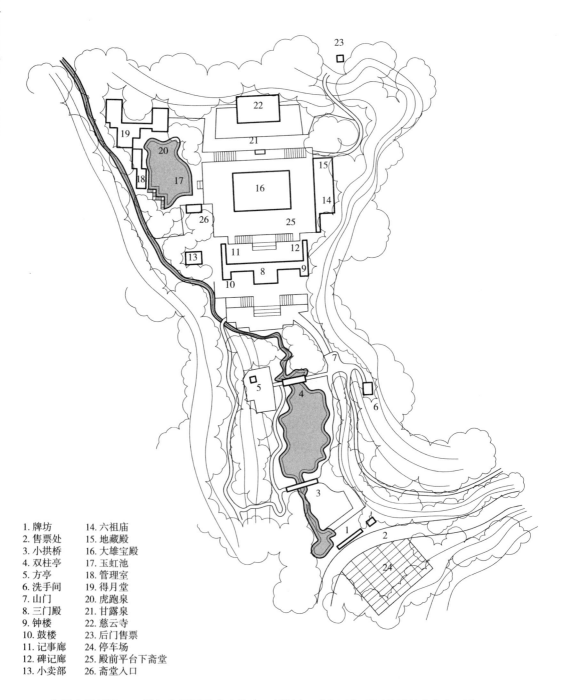

1. 牌坊   14. 六祖庙
2. 售票处   15. 地藏殿
3. 小拱桥   16. 大雄宝殿
4. 双柱亭   17. 玉虹池
5. 方亭   18. 管理室
6. 洗手间   19. 得月堂
7. 山门   20. 虎跑泉
8. 三门殿   21. 甘露泉
9. 钟楼   22. 慈云寺
10. 鼓楼   23. 后门售票
11. 记事廊   24. 停车场
12. 碑记廊   25. 殿前平台下斋堂
13. 小卖部   26. 斋堂入口

白云山风景区——能仁寺平面图 [改绘自：刘绍宗，《中国优秀园林设计集》（三）]

（3）掌握白云山风景区的主要造景特点，建议采用比较式的学习方法，对该风景区与其他滨湖公园进行横向比较分析，从而得出结论。

（4）分析并总结白云山风景区在建筑、地形、空间结构、植物配置等方面的设计手法。

三、实习内容

（一）能仁寺

能仁寺位于白云山南面山麓登山公路的左侧，坐北朝南，依山势而建，前、后共有三进院落，分别是天王殿、大雄宝殿、慈云殿。自下而上有牌坊、石桥、山门、天王殿、六祖殿、大雄宝殿、玉虹池、虎跑泉、甘露泉、慈云殿等建筑或古迹，南宋李昂英曾在此筑玉虹饮涧亭及小隐轩。整座能仁寺恢弘雄大，四面环山，树木茏葱，清静肃雅。占地 1 hm²，建筑总面积逾 1000 m²。据番禺志，能仁始建于道光四年。

能仁寺复建工程由寺院前庭和主体建筑群两部分组成。其中寺院前庭采用自由式布置手法，巧借原有山地的形貌，运用岭南园林典型的造园手法，筑石理水，由原有山塘、桥台及古迹构成。主体建筑群为混合式布局，主要殿堂建筑如山门殿、钟鼓楼、大雄宝殿和慈云殿等依照轴线布置，形成主题分明、结构严谨的寺庙空间。两侧则采用自由式布局，六祖殿、地藏殿及得月堂（接待室）依照地形巧妙布置，围合成多变的寺院空间。主要建筑的梁、柱、屋顶为钢筋混凝土捣制，四周檐下置木斗栱，重檐歇山顶，人字封火山墙，素瓦盖面，灰色陶塑，琉璃瓦筒，琉璃瓦当剪边。主要建筑所在平台地面均铺砌边长 0.60 m 的花岗岩打磨方砖，周边砌有石护栏，正前方护栏下为石砌挡土坡墙。

能仁寺的山门，为两柱一门一楼牌坊，五架人字顶，砖、木、石结构。山门后为拾阶而上的幽径，通往天王殿。

天王殿面阔 3 间，进深两间，回廊周匝。总面阔 10.2 m，总进深 6 m，占地 61.2 m²。天王殿左右建有钟楼、鼓楼，各高两层，其建筑形制相似，顶尖立陶塑飞龙，八脊飞檐各吊一个铜风铃。首层砖砌墙体，长、宽各 4 m。第二层 4 面墙体上安装有"亚"字形木格活动窗，每面 4 扇。外围回廊设护栏。钟、鼓楼与天王殿以围墙相连，两边围墙上各开一山门，天王殿后建有一长走廊，连接钟、鼓楼。天王殿前为宽阔的平台，占地面积 469 m²，正前方石砌挡土坡墙的坡面用水泥塑出"无尘境界" 4 个红漆大字。

大雄宝殿面阔七间，进深五间，回廊周匝。总面阔 23.3 m，总进深 15.3 m，占地面积 358 m²。九脊飞檐，正脊塑有三龙，中为蟠龙，左右为飞龙。飞檐上各塑一龙，龙头朝正脊，飞檐下各吊一个铜风铃。正间开大门，大门上方悬挂黑漆木匾额，阴刻"大雄宝殿" 4 个隶书金漆大字。次间、梢间正面墙上安装"亚"

字形木格窗棂，其余 3 面为砖砌墙体。大雄宝殿所在平台占地面积 1210 m²。殿内正中供奉 3 尊金漆立佛像，居中为释迦牟尼佛，左为药师佛，右为阿弥陀佛。两梢间分别供奉十八罗汉金漆像。

大雄宝殿左边为六祖殿和地藏殿，两殿相连，坐北朝南。面阔六间 20.4 m，进深两间 8 m，主殿前带轩廊，硬山顶，人字山墙，以通花陶塑砖装饰瓦脊，前坡顶为重檐。

慈云殿与大雄宝殿建筑相仿，面阔 5 间，进深 3 间，回廊周匝。总面阔 16.2 m，总进深 10.2 m，占地面积 165.24 m²。正间大门上方悬挂黑漆木匾额，阴刻"慈云殿"3 个隶书金漆大字。殿内供奉观音菩萨金漆佛像及金童玉女像。慈云殿左上方为能仁寺后山门，可通往山顶公园，右方为茗静苑，后方紧靠绿树丛生的山坡，前方为开阔的地坪，慈云殿占地面积 540 m²。殿前石砌挡土坡墙下方有一泉眼，名为"甘露"。

能仁寺复建工程在规划设计中刻意保留了大量的山林树木和古迹，取得了较好的环境效果。

（二）广州碑林

1. 背景资料

广州碑林坐落在广州东北郊白云风景区的九龙泉胜地之上源，靠近摩星岭，距市中心 6～7 km，海拔 358 m，占地 1.68 hm²，建筑面积 2000 m²。该址原是一隅坐北朝南落差 68 m 的陡峭山崖，林木葱郁。于 1994 年 10 月建成并对外开放。

广州碑林经过设计师的精心设计，无论是园林还是建筑，都具有南国情调，体现岭南园林独特的风格，具有畅朗、玲珑、典雅的特色，将山林野趣与传统文化融为一体，成为羊城一个独具特色、瑰丽多姿的游览胜地。

2. 整体规划

广州碑林的整体规划结合地形，在建立碑林的同时，进行绿化造景。整个碑林规划有首期陈列区、峡谷摩崖石刻区、中心景区、碑廊、室内陈列室和接待综合服务区。

广州碑林以其独特的园林景观与人文景观交融的艺术形式进行布局。园林运用传统的设计手法，因地制宜，依山而筑，各景点置于不同标高之上，形成了多个高低变化，错落有致、层次分明的空间。碑林建筑继承了部分古典园林建筑的神韵，以突出岭南民居朴素无华的建筑风格为主。建筑布局以九龙泉井台中轴线为主轴，采用四合院院落建筑形式，运用传统的园林布局和设计手法把建筑物置于不同标高的山坡上，建筑结构设计因建筑物高低坐落，形成了多个错层结构，基础是支撑在高低不平的山坡地或山腰上，整体建筑顺山而筑、高低变化、错落有致。景门、景窗点缀其间，使碑林建筑与山林环境、庭园绿化及碑文石刻融为一体。这一规划既增加了碑林的艺术欣赏价值，同时也增加了游客的游览兴趣，

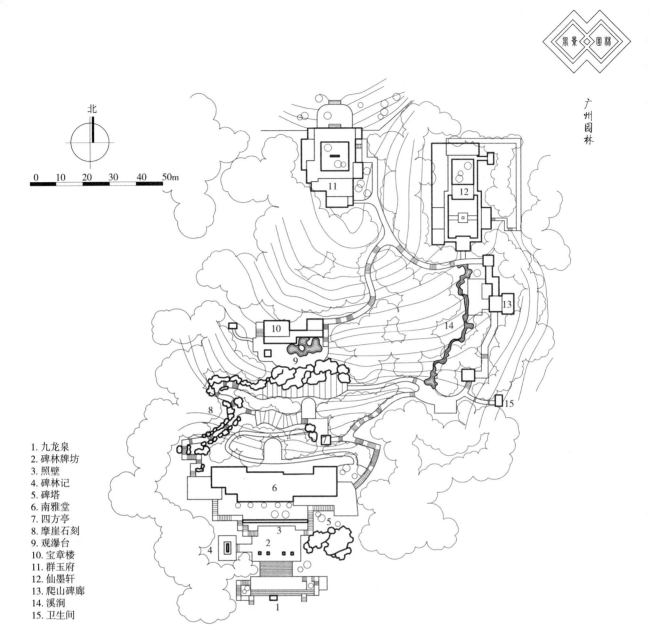

北

0 10 20 30 40 50m

1. 九龙泉
2. 碑林牌坊
3. 照壁
4. 碑林记
5. 碑塔
6. 南雅堂
7. 四方亭
8. 摩崖石刻
9. 观瀑台
10. 宝章楼
11. 群玉府
12. 仙墨轩
13. 爬山碑廊
14. 溪涧
15. 卫生间

广州碑林平面图［改绘自：刘绍宗，《中国优秀园林设计集》（三）］

使碑林成为羊城一个独具特色、瑰丽多姿的文化景区。整个碑林的规划分为以下
几个主要部分：

（1）入口广场

由九龙岩两旁山道拾级而上来到广场，一座三开间石牌坊打开了碑林的序
幕。广场的正面是一幅长达 20 m、高 3 m 的浮雕照壁，题材取自广州及白云山
历史人物风情。广场东面有一铭刻石山景，西面是露天碑组，其中一幅宽 2 m、
高 5 m 的座碑上刻有"广州碑林记"。

（2）现代贝壳作品陈列——南雅堂

该处仅靠九龙泉，主要建筑利用原有两幢展厅改造而成，展厅内现代岭南文

人雅士录写、墨宝100多幅。

（3）峡谷摩崖石刻区

全区由上而下长达200 m，是进入碑林首起的导游线。设计师依山势仿塑天然岩石，以自然山水园林的手法进行布局，沿着峡谷的蜿蜒山道，人们可以看到很多铭刻在崖壁上的石刻，在登摩崖浏览山野美景的同时，领略到书法的高超艺术，从"梦笔"一处登道，即通往园林主景——中心景区。

（4）中心景区

中心景区是整个碑林的中心，也是园林布局的高潮。此处将"宝章楼"置于人工虚造的溶洞之上，登楼可以远眺羊城风光，入洞可以探幽，别有一番怡情。此处置有亭、台、流瀑和石塑，有岭南名家关山月、黎雄才等的铭题、录写作点缀，极富艺术文化特色，使人流连忘返。

（5）接待服务区——群玉府

该处是广州碑林最高点，是为来宾及游人提供服务的地方，内置部分碑刻，游人可品茗或选购精细石刻工艺品。本处也是碑林的辅入口（汽车可直达顶上，从上往下游览）。

（6）前人碑刻陈列区——仙墨轩

仙墨轩是碑刻陈列的重点，也是广州碑林的主题。该处为四合院式建筑，院中置有汉白玉碎塔，室内及外廊展览了前人墨迹。它将碑刻、篆刻和木刻融汇于周围园林景色之中，相得益彰，置身其中，情景交融，动人心绪。

（7）碑廊

碑廊是一条随着山势而上的游廊，由上而下贯穿碑林的东面，长1130多米。设计者利用山林、断坡的特殊地势，布置游廊，曲折蜿蜒而上，形成多个廊里、廊外的园林空间，并与游廊内外的置碑、立碑相结合，使碑廊两侧、内外景物相互渗透，极大地增强空间的层次变化，给人以迷离不可穷尽之感，增添无限的情趣。

3. 植物配置

广州碑林植物配置主要保存了白云山原有的优越自然环境，山上的山杜英、山木兰及原有野牡丹（*Melastoma candidum*）、蟛蜞菊（*Wedelia chinensis*）等地被都保留原有的生态。在造园范围内增种了与古文化相吻合的龙柏、扁柏。多处增种有色彩的夹竹桃、黄素馨等，并配置了桂花、九里香、山瑞香、含笑等飘香的灌木，地被覆盖了'白蝴蝶'合果芋（*Syngonium podophyllum* 'White Butterfly'）、蟛蜞菊、红背桂等，使新植与野生植物有机地连接，取长补短，互相协调。

（三）鸣春谷

1. 背景资料

鸣春谷鸟类公园位于广州市白云山滴水岩景区内，包括笼内、笼外两部分。

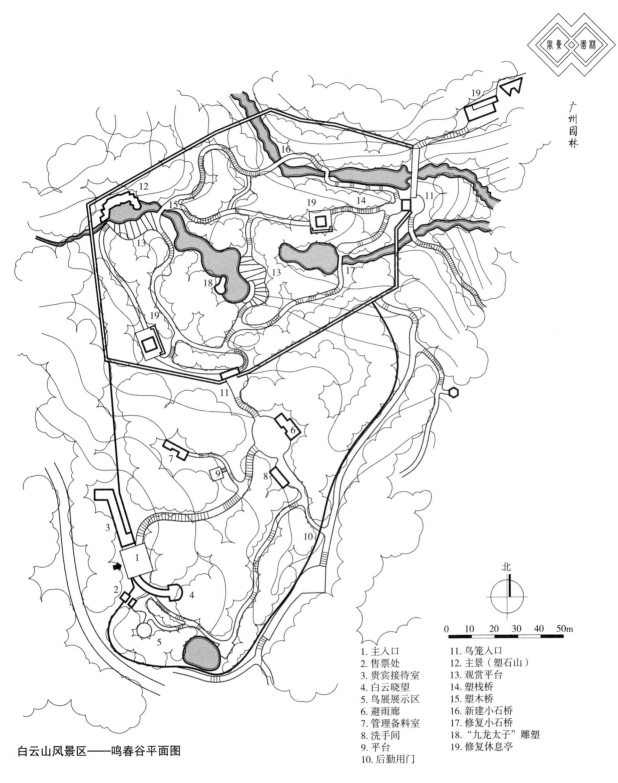

广州园林

北

0　10　20　30　40　50m

1. 主入口
2. 售票处
3. 贵宾接待室
4. 白云晓望
5. 鸟展展示区
6. 避雨廊
7. 管理备料室
8. 洗手间
9. 平台
10. 后勤用门
11. 鸟笼入口
12. 主景（塑石山）
13. 观赏平台
14. 塑栈桥
15. 塑木桥
16. 新建小石桥
17. 修复小石桥
18. "九龙太子"雕塑
19. 修复休息亭

白云山风景区——鸣春谷平面图

大鸟笼面积 1.28 hm²，笼内净高为 25 m，较低处亦有 3 m，笼外是花园。鸟笼位置选在"九龙太子"雕塑的谷地上，中央地势较为平缓，南、北、西 3 面均为山坡，东面为落差较大的溪涧、跌水，整个场地从东向西逐渐斜落，高差有 20 余米。该地绿荫环抱，四周层峦叠嶂，景色优美，不仅利于各种鸟类栖息、繁衍，亦是游人参观游览的好去处。

2.设计构思和总体局

根据原地形特点，将鸟类公园分为鸟笼和笼外花园两部分。笼外花园以植物造景、大草坪为主，对现有树木进行充分调整，使之成为优美自然的过渡空间，并将驯鸟表演台、鸣禽观赏廊、小卖部、饲料室和管理间等辅助性、服务性设施设在花园内。

笼内设计以体现山林野趣为主，力求营造一个鸟的乐园。大鸟笼是该公园的主体，笼的选址，设计充分利用了滴水岩景区原有地形、植物条件和现有设施，因地制宜地将 1.2 hm² 的山谷集于一笼之中，沿 3 面山坡和东部山涧设矮墙，以钢管立柱，采用大面积不锈钢网将整上谷雕塑和源源不断的九龙泉水纳入笼内。本设计为了在有限空间内获得较大的使用率，还设置了假山、瀑布、溪涧和栈桥。这种天然环境的营造对各种鸟类在其间生长、繁衍十分有利，亦增添了游客在其间观鸟赏景的乐趣。

乔灌木的配置尽量满足"鸟栖树、人走路"的功能，植物种类主要有阴香、竹柏、美丽针葵（*Phoenix loureirii*）、罗汉松、南洋杉和刺桐等乡土树种及杜鹃花、黄蝉、马樱丹和变叶木等。

（四）桃花涧

1.背景资料

桃花涧位于白云山风景区，地处白云山山北两座山岭之间，自然形成了一道小峡谷，长年有小溪顺流而下。为了增设多个风景点，在此处进行了因地制宜的改造，使其成为一个集休闲、观光、品茶等多功能为一体的旅游点。

2.规划布局

根据桃花涧天然的地理优势，设计者取材于东晋文学家陶渊明的《桃花源记》，将《桃花源记》里所描述的景致活现于眼前，使人们能够领略到世外桃源的优美景色。桃花涧的总体规划以自然式布局为主，将明代园林风格与岭南园林的特色相结合。园内的建筑以明代木构架砖瓦形式为蓝本进行设计，选用天然的材质作为建筑的饰面，与周围环境浑然一体。

桃花涧总体布局以水见长，水体以各种形式出现并作为主题贯穿于全园，随着山形的变化，水体以湖、瀑、泉、涧、溪、滩和潭等形式存在于不同的开合空间，起伏跌宕、错落有致。围绕着不同形式的水体，合理布置平台，亭廊建筑和道路。园路曲折蜿蜒于山林水体之间，亭廊建筑点缀其中，园道之间顺水势、山势设有平台，供游人"动观流水静观山"，景深意远。

桃花涧园林规划将生机盎然的自然美与艺术美融为一体，借景抒情，寓情于景，使人们在游园的同时还能获得林泉之趣，欣赏大自然的美好景色。

3.园景

园内共分 4 个景区，分述如下。

广州园林

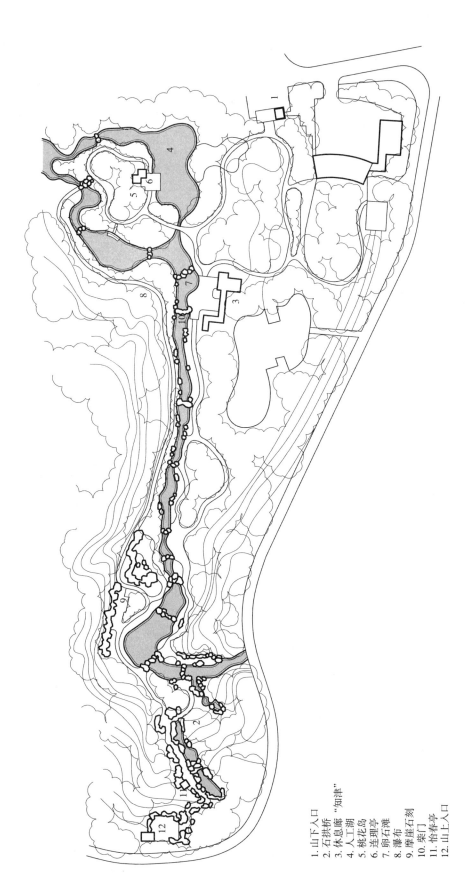

白云山风景区——桃花涧平面图

1. 山下入口
2. 石拱桥
3. 休息廊 "知津"
4. 人工湖
5. 桃花岛
6. 连理亭
7. 卵石滩
8. 瀑布
9. 摩崖石刻
10. 柴门
11. 怡春亭
12. 山上入口

21

（1）湖区

由山下入口进园，正如《桃花源记》中所描述的"复行数十步，豁然开朗"，映入眼帘的是一潭清澈如镜的湖水和宽阔的草坪。湖中设有一小岛，名曰"桃花岛"，小岛仅以石拱桥与外界连接，古朴自然，环境清雅。一座古色古香的双亭临水而筑，是有情人互诉衷肠的最佳之处。

（2）瀑布区

离开湖区前行，远远望去是一帘瀑布飞流而下，溪水拍打着两旁的山石，发出悦耳的声音，清澈的溪水落入清潭，由清潭溢出的溪水缓缓流过卵石滩。卵石滩旁设一水井，供游人解渴。瀑布对面有一休息廊，廊外休息平台与卵石滩自然相接，给人以开朗舒畅之感。

（3）溪涧区

经过一道精致小巧的柴门，进入了与前面不同的空间，两旁山坡相距较近，使这里形成了狭窄的空间，园路旁流水潺潺，溪上覆以不同形式的小桥、汀步，四周原有的山林郁郁葱葱，更增添了清幽的感觉。

（4）山体区

走出溪涧区，穿过一道石洞门，空间豁然开朗，道旁有依山而设的摩崖石刻，石面上刻着字迹苍劲的《桃花源记》，游人读毕，远望山林，真正领略到"夹岸百步，中无杂树，芳草鲜美，落英缤纷"的意境，远远的山坡上，一座轻盈的亭子掩映在山体中，山坡上一条小溪奔流而下，坡上树木茂盛，鲜花四季盛开。游人的心情为之一振，抛弃世俗之烦恼，真正领略到"童孺纵行歌，斑白欢游诣"的意境。

4.植物配置

根据各个景区的不同特点，植物配置也各具特色。湖区以常绿植物为主，并以成片的桃树、常绿灌木和开花地被点缀其中，在春季为桃花提供了一个绿色的背景，衬托出桃花的娇艳。

瀑布区以耐阴、水生植物为主，山石两旁多植杜鹃花、蕨类植物，使山石掩映在花草丛中，而在杜鹃花盛开的季节，瀑布两旁则山花烂漫，更添几分情趣。

溪间区以原有植被为主，同时种植了一些与桃花不同季节开花的乔木，如大花紫薇、紫荆等，为狭长的空间增添了一些点景的色彩。山体区以山坡绿化为主，高大乔木与桃花、地被组合，形成多层次的植物景观；另外，种植季相不同的各种乔木，如南洋杉、木棉和刺桐等，使山体区的景色更加宜人，更富山林野趣。

（五）麓湖公园环湖整顿工程

1.背景资料

由于城市发展及其他种种原因，麓湖公园湖边道路已变成车水马龙的公路，

给游人带来诸多不便；湖岸经过多年的雨水冲刷，部分路段水土流失严重，路基及树根裸露，成为安全隐患，沿湖杂草丛生，原有树木参差不齐，长势欠佳。为改变麓湖沿岸杂乱的现状，需对其进行整顿，使湖岸改观，为湖光山色增添风采。

2. 规划原则

公园湖岸整顿重点在东南崖——麓湖路段，即从麓湖碑石至白云仙馆附近。对原有绿化、铺砌进行整顿，在适当地段增加游憩设施，形成完整的沿湖景观，同时通过对部分地形的整理开设平台、游园小道以及通过绿化配置等手段使之与公路分隔，还公园以原貌。

3. 总体规划布局

（1）分段

本次整顿的湖岸线长达 1.7 km，将其分为 5 段：A 段以改造为主，重点改造原来狭小的平台，重新安置麓湖碑，给人以深刻的第一印象；B 段在整顿现状的基础上，适当增加铺装、建筑小品和休息设施；C 段为疏林草地；D 段在湖面较窄处设置水坝，提高北面水位，形成两级湖面，因靠麓湖路这边有较大块的地面，在此处植花草灌木，以形成开阔空间；E 段风格与 D 段相似，在湖边种植落羽杉林与对岸相呼应，路边植草，风格独特。

（2）地形处理

沿湖地形变动不大，原则上利用原土回填。在 A、B 段相接处修筑驳岸，填土提高公路侧面，C 段则挖淤泥扩大湖面。

（3）道路平台、建筑小品

对原有道路平台作整理修葺，原有及新建道路平台注意饰面变化，原则上控制建筑数量、体量，并在 B 段建双亭，D 段建花架廊，建筑风格与原有湖岸风格相协调，宜精不宜多。

（4）绿化种植

湖岸原有树木茂盛，公路边已有 1～2 行路树，为台湾相思、白千层、白兰和银桦等，尽量保留原有路树，并补种使之整齐，部分路段为了将公路与湖边景点分隔，在宽度允许的情况下种植绿篱，在风格上，保留大树，清除杂树及杂草，创造一个林下休憩环境，给人以整齐、开阔之感。

根据实地调查，原有林木植被主要有白千层、台湾相思、白兰、银桦、粉单竹、小叶紫荆（*Bauhinia blakeana*）、落羽杉、野芋和美人蕉等。规划保留长势良好的树木，整理林下杂草野树，并在林下栽种红背桂、文殊兰、九里香和杜鹃花等植物；在地势平缓、开阔地段种植黄蝉、红桑等阳性植物，组成色块；在湖岸片植彩色植物如落羽杉、夹竹桃和美人蕉等，以增加湖光山色。原有林下种植蟛蜞菊、花叶苎麻、'白蝴蝶'合果芋和紫背竹芋（*Stromanthe sanguinea*）等地被植物。

4.分段改造说明

A 段：本段主要以改造为主，对原有道路平台进行修理整顿，尤其是碑平台，将其扩大为一个观景点。大树下裸露黄土的地方改为贯通湖边的道路，重新设计布置花基和坐凳。

B 段：对原有设施进行整顿，后半段新规划的园路铺装与原有的相连接，因本段位置处于湖岸中部，宜建一座休息避雨的双亭，以便充分利用地形高差。双亭临水一面为两层，另一面则为单层，建筑风格与湖心岛上的小亭相呼应。绿化以整顿为主。保留原有的白千层、落羽杉林，落羽杉林下铺装卵石滩直至水中，使之充满自然情趣。

C 段：此处湖边有一大片野芋，间有小片美人蕉，路边为白千层、银桦林，将湖边的淤泥挖上来，使湖面更为开阔，湖边间种大片美人蕉，清除路边林下的杂树乱草，营造水边疏林草地的景色。

D 段：本段工程量较大，在湖两岸最窄处建水坝，使湖面分为上下两级，坝上两岸相通，岸上设休息平台，麓景路这边根据标高，分设 2～3 级平台，使游人可从公路顺级下至水坝。植物配置形式采用增强空间开阔感的做法，种植大片草地、草花以及具亚热带风光特色的棕榈科植物。

E 段：主要是绿化处理，空间较开阔，在湖岸突出部位种植落羽杉，与对岸原有的大片落羽杉相呼应。秋冬季节从坝上看去，湖中、湖岸片片红林互相呼应、衬托，美不胜收。

四、实习作业

（1）草测能仁寺大雄宝殿建筑立面、平面。

（2）草测碑林四方亭立面、平面，并绘制周围环境的平面图，标明植物种类。

（3）总结桃花涧中出现的水体形式及其处理方法。

（4）速写 4 幅。

（曾洪立 许先升 编写）

【草地公园】

一、背景资料

草地公园位于广州市麓湖公园南门，面积约 40 000 m²。公园建成后既满足了附近儿童休闲娱乐的要求，又为附近居民提供了一个良好的休息场所。

二、实习目的

（1）学习以草地为主的市政综合性公园的设计方法和思路。

（2）掌握大面积儿童活动区的设计方法。

（3）学习利用原有树种进行合理搭配的植物造景设计方法。

三、实习内容

（一）功能分区

以大片草地为主体，兼有儿童活动区的草地公园是一个市政综合性公园。全园被分为 3 个区：大门广场区、大草坪区和儿童活动区。

大草坪区以疏林草地为主体，草地上点缀着各种观叶植物和花卉。全区地形起伏，绿草如茵，环境优美宜人。

儿童活动区置于花园中，占地逾 26 000 m²，林下设有儿童游泳池、组合滑梯、沙池、海盗船、蝴蝶机、高塔游戏机、电动转马、反斗城、飞碟脚踏车、儿童欢乐车、金龙滑车、蹦蹦床、儿童捞鱼区等儿童游戏设施，并设有花架、休息亭等配套设施。全区环境宜人、设施新颖，适合不同年龄的儿童游玩。

游泳池面积为 1000 m²，设有按摩池、深水池、浅水池 3 个水区，并配有石山瀑布、花架喷水、景石造型涌泉等，环境优雅，是炎炎夏日中儿童、青少年戏水纳凉的好去处。

（二）绿化设计

草地公园的绿化设计讲究因地制宜，充分利用原有的大树。此举既可保护生态环境，又可使公园绿化立竿见影。全园采用的主要植物有垂叶榕、南洋杉、鱼骨葵（*Arenga tremula*）、桂花、大叶紫薇、金露花（*Duranta erecta*）、红桑和黄榕（*Ficus microcarpa* 'Golden Leaves'）等。

四、实习作业

（1）实测园内任一草坪空间，绘制平面图和立面图，并分析其植物的配置方式、景观层次、季相变化等特点。

（2）分析并总结大面积儿童活动区的设计手法。

（3）选择园内任意一处景点，完成风景速写 1 幅。

（曾洪立 编写）

风景园林专业综合实习指导书——华南篇

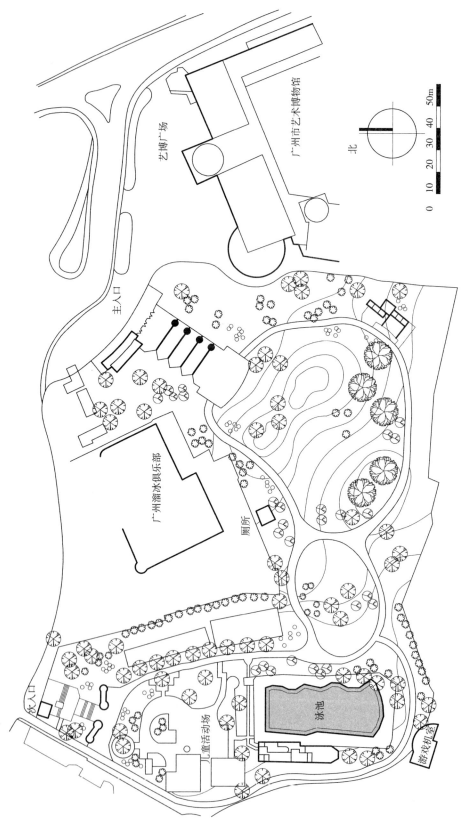

北

0　10　20　30　40　50m

艺博广场

广州市艺术博物馆

主入口

广州溜冰俱乐部

厕所

儿童活动场

冰池

游戏机室

次入口

草地公园总平面图

【草暖公园】

一、背景资料

位于广州市环市西路的广州火车站旁，全园面积 1.34 hm²，东西长约 115 m，南北宽约 117 m，呈正方形。公园始建于 1985 年，1987 年建成，取唐代李贺"草暖云昏万里春"之意命名，园名为广州市长欧初题写。草暖公园是新中国成立后我国第一例采用西式方法营造的城市园林，在全国园林界引起了极大的震动。它也是广州市兴建的优秀公园之一，是一座集游览观光、歌舞宴乐于一体的综合性公园，是广州市有代表性的文化娱乐场所。

二、实习目的

（1）了解草暖公园在布局、造型、空间、色彩等方面的特点。

（2）了解草暖公园的建园历史背景，学习西式造园的设计方法，比较这种方式与中国传统古典园林造园方法上的异同点，分析并总结出西式造园的设计要素及园林特点。

三、实习内容

（一）设计特点

因地处现代建筑风格的城市中心区域，园林面积又偏小，地形北高南低，所以草暖公园首次吸收了部分西式造园手法，选用全开敞式的铸铁通花围栏，把南侧公园正门的园林绿地风光融入到整个城市街景中。同时为了尽显园林风貌，将建筑物安排在公园的东、北、西 3 面。较为高大的音乐喷泉咖啡厅布置在北端以遮挡铁路建筑，小型的商业和管理建筑布置在西侧边界处，并利用沿街的室外台阶将园内外的高差找齐，在东侧原有的林带内散置花架、休息平台，并朝向中央的宽阔大草坪，成为自然式的林木屏障。中央场地约 8000 m²，其中有绿草如茵的草坪近 3000 m²，配以整形的树木、色彩缤纷的花境、尖塔状的坡屋顶建筑、几何形喷水池和仿古希腊、古罗马的雕塑、小品，构成一处空间开敞、幽雅别致、色彩丰富、线条流畅、节奏明快的欧式园林。在公园的细部设计中，则结合岭南园林的风格特点进行树木、花卉、置石、水池、园路、平台的处理，体现了地方特色。

公园大门设置在西南角，入口方向与主体建筑成近 45°夹角，目的是增加游览路线的长度与深度。

（二）园林建筑

公园的主要建筑物包括音乐喷泉、带有舞池的咖啡厅、会议室和花架休息平

台等，建筑风格与中国传统园林建筑迥然不同。建筑风格体现了欧洲古建筑的神韵风采，因而既像是中世纪盛行于欧洲的哥德式建筑，又仿佛是西班牙式别墅或英国式古堡。建筑的橙黄色屋面是用普通的国产釉面砖精心铺制而成的，呈鱼鳞状排列，犹如西式瓦面，在阳光照射下发出黄金般的光辉，随着日出日落光线的变化，不同角度的大小屋顶时明时暗，别有一番情趣。尖顶、老虎窗等造型突出了南欧风情，与白色的西式建筑、铁艺花架亭相映成趣，园林色彩浓艳富丽。

园中大片草地周围散置小径、花棚、尖塔式屋舍及西班牙式的咖啡楼，形成高低错落的建筑格局。

1.音乐喷泉歌舞厅

公园北端的主体建筑仿欧洲古堡，大厅内灯光瑰丽，装修考究，富丽堂皇。中央是彩色音乐喷泉和舞池，四周为咖啡茶座、酒吧等，游客在品尝和闲谈中，可欣赏音乐，观赏喷泉，亦可到舞池中跳舞。厅堂内建有喷水池，池内为彩灯音乐喷泉，喷水池面积达 100 m^2，是广州市区首次建成的一座大型的现代化声光电子音乐喷泉装置。音乐喷泉通过千变万化的水型，结合五颜六色的灯光，反映了音乐的内涵及音乐的主题。公园南侧入口内的平台上设置几何形水池，里面安放有碟式喷水装置的跌泉、蒲公英喷泉、涌泉。高低错落的乳白色玻璃钢花碟和亭台花架构成了园中清新明快的点缀小品，增加了勃勃生机。

2.几何形水池

几何形水池之间配以古希腊、古罗马雕塑，水池中设有碟式喷水装置，蒲公英喷泉水池中蒲公英状的喷水图形在阳光的照射下，如众多的彩虹叠扣，五彩缤纷，使园中动、静之景和谐统一。

3.正门

草暖公园的大门，由全开敞式的铸铁通花围栏与石柱组成，简洁大方的围栏既把街景与园景连为一体，又把城市的喧嚣隔在外面，给人们创造了一处清幽之地。

（三）园林植物

植物配置别具一格，群落分明，各展其态。主要基调植物是 13 种棕榈科植物，它们仪态潇洒、轻盈雅致。除了作为主要观赏树种外，在公园边界起隔离作用的也是密植的棕榈科植物。另一基调植物是易于整形的松柏类植物，各类植物有聚有散，恰到好处地组成公园景观，配上圆柏、南洋杉、假槟榔、皇后葵、大王椰子、春羽、九里香、杜鹃花、狗牙花（*Ervatamia divaricata* 'Gouyahua'）等各种观赏乔灌木，形体多变、轮廓清晰、色调明朗。再加上美人蕉、太阳花等观花地被植物以及花叶良姜（*Alpinia zerumbet* 'Variegata'）、红桑、变叶木等色叶地被植物，增添了公园的色彩和层次变化。

植物景观以西式大草坪为主，以植物群落景观为辅。草坪上的树木多经过

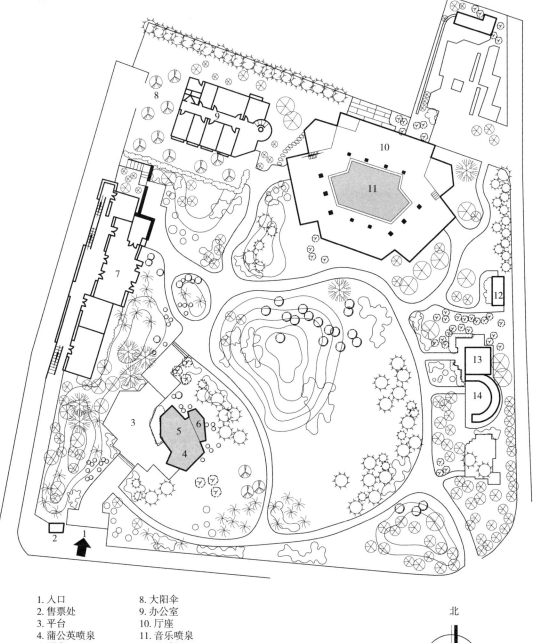

1. 入口   8. 大阳伞
2. 售票处   9. 办公室
3. 平台   10. 厅座
4. 蒲公英喷泉   11. 音乐喷泉
5. 涌泉   12. 洗手间
6. 跌泉   13. 花架
7. 休息室及小买部   14. 平台

北

草暖公园平面图［改绘自：刘少宗，《中国优秀园林设计集》（二）］

整形修剪，搭配欧式草坪、喷泉或西班牙式建筑。近 3000 m² 的中心开敞草坪选
用的是如地毯一般柔软、平整、耐践踏的细叶结缕草，配植圆柏、南洋杉、假
槟榔、皇后葵、大王椰子、九里香、杜鹃花、狗牙花等观赏乔木和灌木，错落

有致，还有色彩鲜艳、色调明快的美人蕉、红桑、变叶木、午时花（*Pentapetes phoenicea*）和花叶良姜等色叶地被植物，增添了整个公园的色彩和层次变化。

草暖公园布局新颖别致，小巧玲珑，赢得了广州市民的喜爱。

四、实习作业

（1）实测园内喷泉，绘制平面图、立面图、效果图。

（2）分析并总结西式造园的设计手法。

（3）选择园内任意两处景点，完成风景速写2幅。

（曾洪立　郭春华 编写）

【雕塑公园】

一、背景资料

位于广州市白云山飞鹅岭下塘西路，占地 46.3 hm²，为庆祝广州建城 2210 年而兴建，于 1996 年 2 月开放。园内建有羊城雕塑区、中华史雕区、雕塑大观园和森林景区 4 个大区，将雕塑艺术与园林观赏和历史教育紧密结合。其中，羊城雕塑区集中展现了广州两千多年悠久的文化历史，作品形象逼真，古拙粗放，风格各异，代表了当代岭南雕塑艺术的水平。公园以现代园林的造园手法布局，清雅舒展，湖光秀色，满目苍翠，有如蓬莱仙境，既是雕塑家施展才华的理想场所，又为广大市民提供了一个观赏游览的好去处。

广州雕塑公园目前已建成开放公园的第一期工程——羊城雕塑区。全区占地约 17 hm²，以广东省雕塑家创作的反映羊城风貌的雕塑作为主要造景要素，运用各种园林造景艺术手法，将雕塑、园林和建筑等多种造景要素有机地结合起来，形成了一个富有艺术感染力的主题区。全园以其新颖的构思、丰富的规划设计手法，将雕塑与园林完美地结合在一起，形成了一个生动有趣、充满时代气息的主题公园，使游人能得到人文艺术及园林艺术的熏陶。

二、实习目的

（1）了解广州雕塑公园的总体规划内容和布局特色。

（2）掌握处理雕塑作品与周边环境关系的设计方法。

（3）学习城市雕塑展览类专类公园的设计方法。

三、实习内容

（一）总体规划

按照雕塑与园林、观赏与教育、艺术与历史相结合的原则，以现代雕塑为主体组景，灵活运用岭南园林精湛的造园手法，追求雕塑与园林的相互依托与融合，创造出了形式新颖的艺术精品。

羊城雕塑区分为以下 5 个部分：

1. 以"华夏柱"为主题的喷泉雕塑广场

华夏柱与公园大门连为一体，以 5 根 8~18 m 高不等的大花岗石柱组成，通过柱上雕刻的文字和图案勾画出中华大地灿烂的历史文化，强烈地表现出雕塑公园的艺术个性。广场上有 12 座广州雕塑家的获奖作品，这些雕塑以及绿化背景与华夏柱形成了非常协调的呼应关系。

2. 以"古城辉煌"为主题的山顶平台

位于大门西侧的山顶平台是以羊城历史为主题的叙事性园林游览区，浓缩再

雕塑公园平面图（改绘自：李敏等，《广州公园建设》）

1. 大门
2. 华夏柱
3. 雕塑广场
4. 票房室
5. 管理楼
6. 古城辉煌
7. 踏芳
8. 餐英小筑
9. 洗手间
10. "平衡"雕塑广场
11. 云液湖
12. 云液湖

13. 南洲风采
14. 云溪
15. 雕塑馆
16. 思瀛
17. 羊柱
18. 绿荫雕塑区
19. 西门
20. 延翠亭
21. 休息亭
22. 配电房场
23. 停车场

风景园林专业综合实习指导书——华南篇

32

现了羊城 2000 多年的政治、经济和军事等状况。台阶两旁沿阶而上的花带，既强调了景区的轴线，又为游人增添了几分游趣，较好地烘托出景点的主题。

3. 以"南洲风采"为主题的摩崖石壁雕

此景利用开路形成的断崖高差，设置了百米巨型壁雕，主要反映了古代广州地区繁荣的商贸往来情景。原有山体的断壁在此得到了巧妙的利用，形成了一幅精致的摩崖石刻。

4. 以"羊城水乡"为主题的云液湖景区

此景利用原有的洼地，挖成了一个人工湖——云液湖。瀑布从英石砌筑的假山上飞流而下，沿着古朴自然的小溪蜿蜒流入云液湖中，与明镜般的湖面、郁郁葱葱的湖心岛构成了充满山林野趣的湖光景区，同时也巧妙地隐蔽了原有的人防工事。外观及环境设计均别具匠心的雕塑馆坐落在云液湖的南端，使自然景观与人文景观完美地结合在一起。湖中的小岛以园林小景为主，茂密的树林、卵石滩、石灯笼和山石构成了幽静的小环境，游人置身其中，犹如驾着一叶轻舟游历于山水之间。

5. 以休憩为主题的休闲区

位于云液湖以北的是由雕塑小广场、餐厅小建筑及大片的园林绿地所组成的游憩区。充满生活情趣的雕塑不时显现于游人眼前，给人以恬静、美好的感觉。

（二）道路规划

雕塑公园地处山岭地带，设计师在规划设计中注意分析利用和改造原有地形，使公园形成别具特色的园林空间。园路顺山势而设，分为 3 级道路：一级干道，路宽为 4 m，单向环形，联系各个景区；二级道路为次干道，路宽 2.5 m，联系各个小景点；三级道路为小步道，路宽为 1.2 m。

（三）植物配置

雕塑公园的园林绿化以疏朗、明快及多样化的植物组群配置为特点，通过植物配置烘托各景点的主题和雕塑的主题，丰富了园林空间，引发了游人的兴趣。

四、实习作业

（1）草测园内 4 处雕塑作品，绘制其环境平面图和立面图，并分析设计师在处理雕塑作品与环境空间的关系时所注意的方面。

（2）羊城市民生活文化是一大特色，公园中特别安排了一处民俗雕塑区，请仔细观察，并通过速写、拍照、摄像、作文等各种方式说明这些雕塑本身及其环境是如何刻画市井生活的不同方面的。

（3）以羊城雕塑区为例，分析阐述雕塑与园林环境之间的互动关系。

（4）选择园内任意两处景点，完成风景速写 2 幅。

（曾洪立 编写）

【广州动物园】

一、背景资料

开放于 1958 年，东邻十九路军陵园，南接环市南路，西接云鹤路，北衔先烈中路，占地 42 hm²，是我国第三大动物园。早在 1928 年，国民政府在广州市中山四路建立了永汉公园，这是广州动物园的前身，其面积 2.2 hm²，展览动物 60 余种，200 多头。经过 50 多年发展变化，目前的广州动物园饲养和展览着国内外 400 多种近 5000 头（只）动物，已成为以展览动物和科普教育为主，游乐、饮食服务相配套的专类公园。

二、实习目的

（1）了解动物园布局特点。

（2）了解不同的动物布展方式，学习如何运用山石、水系、植物等要素创造具有自然氛围的动物布展环境的营造手法。

三、实习内容

（一）总体布局与空间

根据动物特性划分空间，各区域特征鲜明。园内的动物按昆虫类、两栖爬行类、鸟类、灵长类、猛兽动物、草食动物分区展出。既有我国特产的珍稀动物大熊猫、金丝猴、华南虎、麋鹿、坡鹿、黑颈鹤等，也有来自世界各大洲的黑猩猩、长颈鹿、非洲象、河马、斑马、犀牛、黑天鹅等珍禽异兽。

1. 动物展区

园内按动物分类布局，可分为中心展区、飞禽大观、盘龙苑 3 个动物展区。

中心展区以展出哺乳类为主，主要有狮山、虎山、猴山、河马池和熊猫馆、名犬馆、大象房、长颈鹿馆、犀牛馆、斑马房、鹿舍等，按动物特性分为灵长区、猛兽区和草食区 3 个分区。北部的麻鹰岗顶为猩猩馆、狒狒和山魈馆等灵长类兽舍，属于灵长区；南坡设置松鼠、豪猪等中小型兽笼，西南坡有熊山、狮山、虎山、河马池等，这里是猛兽圈养之所，属于猛兽区；与麻鹰岗隔湖相望的大片山岗地上，分布着猴山、熊猫馆、大象房、长颈鹿馆、犀馆、斑马馆、鹿舍等，属于草食区。

飞禽大观位于园区西南部，有各种飞禽 100 多种。其布局结合地形地貌，根据禽类动物的生活习性、展出数量划分景区。小展馆展览区：新颖别致的小型笼舍主要布置一些飞行能力较强的鸟类或禽类，如雉鸡、鹦鹉等。笼舍内布置微

0　50　100　150　200　250m

北

广州园林

1. 正门	14. 动物广场
2. 蝴蝶馆	15. 猴山
3. 海洋馆	16. 大象馆
4. 盘龙苑	17. 熊猫馆
5. 灵长区	18. 逗趣园
6. 猛兽区	19. 长颈鹿馆
7. 熊山	20. 犀牛馆
8. 虎山	21. 动物行为展示馆
9. 狮山	22. 斑马馆
10. 河马池	23. 鹿舍
11. 锦鳞苑	24. 欢乐世界
12. 飞禽大观	25. 科普馆
13. 草食区	26. 南门

广州动物园平面图（改绘自：中国勘察设计协会园林设计
分会，《风景园林设计资料集——园林绿地总体设计》）

型石山、流水，种植芋头（*Colocasia esculenta*）、鹅掌柴、春羽、良姜（*Alpinia officinarum*）、吊兰、蕨类等植物，为动物提供更加有利的栖息环境。小展馆区尽头有1个大型鸟笼，里面仿建自然环境，林木茂盛，人可以进入参观，犹如在自然的林中观鸟。放养区：有面积达4500 m²的场地用于放养飞禽，主要展示黑白天鹅、火烈鸟等水禽动物。放养区植物布置强调多样性，种植多种开花植物，如洋紫荆、刺桐、黄槐等，地被植物也非常多，层次丰富。鸵鸟区：主要展示鸵鸟、鸸鹋、黑颈鹤等体量较大的禽类动物。飞禽大观景区综合考虑动物生活、展览效果、生态要求等多方面因素，以传统"自然山水园"的模式，运用岭南园林造园手法处理景区、景点和风景透视线的布局结构和相互关系，展示了鸟语花香、小桥流水、自然和谐的生态空间。游览道路迂回曲折，视点丰富，游客可从大象入口经木栈道到达3层的观鸟塔俯瞰整个飞禽景区风光，然后沿2 m高架空木栈道参观，亦可走在石山上的栈道俯视自由漫步的鸵鸟，还可以在地面透过玻璃欣赏鸟笼内的鹦鹉等鸟类，形成塔顶、半山平台、水边、木栈道等多个观赏点，构成立体化的游览路线。

盘龙苑在动物园的东北部，展出两栖、爬行类动物。由蟒蛇馆、蛇类及两栖动物展馆以及龟池三部分组成，建筑依湖而建，树木掩映，环境清幽。

2. 专类展览和景点

广州海洋馆：位于园区东北部的广州海洋馆为我国最大的内陆海洋馆，是集游乐、观赏、科研、教育多功能为一体的，以陈列展览海洋鱼类为主要特色的蓝色海底世界。全馆占地面积为13 000 m²，馆内放养着200多种鱼类及其他独特罕见的海洋生物。主要的景观有海底隧道、深海景观、18 m长的热带珊瑚缸、珍品缸、触摸池、淡水世界、海龟池、鲨鱼池、企鹅馆、海狮乐园等，还有科普厅、海洋剧场和海洋广场等展示表演场所。这些展区特色鲜明，生动有趣，按照不同海洋生物的生态环境、生活习性、种类品种等进行布局，真实再现了神秘莫测、变幻万千、绚丽多姿的海洋世界。

蝴蝶世界：总面积达1250 m²的蝴蝶世界由生态蝶飞园、蝴蝶标本馆、活体贝壳及昆虫馆组成，为我国最具特色的生态蝴蝶园。其中，标本馆展出过千只全球珍稀蝶类的标本，还有蝴蝶制成的观音、麒麟等蝴蝶画，并以长廊形式展示蝴蝶生长的全过程；昆虫馆里面展示有蜜蜂、螳螂、蚂蚁、甲虫等十几种昆虫；而生态蝶飞园放养了数千只蝴蝶，在夏天蝴蝶活动最高峰时能达到5000～6000只，品种达数十种。

锦鳞苑：位于动物园内河马池旁，荣获大世界吉尼斯之最——金鱼品种、数量和鱼缸造型最多的展馆。锦鳞苑中心有个大鱼缸，站在硕大的立体鱼缸前，水清澈见底，各类鱼儿自在闲游，而每个小鱼缸都标有鱼的名称。锦鳞苑以先进淡水维生技术，饲养和展出国内外名贵金鱼、锦鲤数十种、热带鱼上百种，共一万

广州园林

多尾，色彩斑斓，体态优美。苑内还可享受钓鱼、钓龙虾的乐趣，是给予孩子童真欢乐的乐园。

动物行为展示馆：由狮子、老虎、熊、猴子、山羊、小狗、马等动物在驯兽员的指挥下进行各种精彩的杂技表演。让观众体会动物的"聪明能干"，增添生活乐趣。

逗趣园：专门为小游客提供与动物接触、逗趣的地方。通过触摸和饲喂山羊、矮马、驴、白兔等温驯可爱的动物，培养儿童对动物的喜爱之情。一扫在动物园只能观赏不能接触的遗憾，寻回许多童趣与天真。

欢乐世界：位于游乐场旁边。是一座童话世界般的建筑物。风格别致，具有异国情调。

湖中景色：在广州动物园中部的麻鹰岗下，有3个景色秀丽的人工湖，水体面积17 000 m²，并建有5个风光绮丽的小岛，放养丹顶鹤、白天鹅、鸳鸯等数十种涉禽和游禽。由于环境胜似天然，不少动物在岛上繁衍了后代，大批野生鸟类亦在此留居、栖息。湖边多处建有亭阁，风景优美。

（二）游览路线

景区的园路系统主次分明，主道环形，连接各个景区，设置了电动车游览；游览小道穿行各个展区。使游客在观赏动物的同时，能欣赏到园中美景，充分感受到大自然的气息。

（三）建筑与展示环境

根据动物生长所需环境特点，园中笼舍、展馆各具特色。动物笼舍、动物活动场地根据食肉类动物、食草类动物、两栖爬行类动物、鸟类动物、杂食动物五大类动物的不同生活习性规划其生存空间，并与其周围的游人休憩地带相协调。鸵鸟区笼舍与人工塑石山相结合，或仿茅草搭建棚屋，使其融入自然环境中，突出自然野趣，达到浑然天成的效果。小型飞禽类展馆，沿主园路错落有致地布置，展馆主要参观面采用透明玻璃，顶部为通透铁网。笼内设有小型塑石山、流水、栖息架，种植耐阴植物，形成一个微缩生态景观，与室外的自然景观融为一体。3层高的鸟笼塔是全景区的制高点，它集合了鸟类展示笼与观光的功能，鸟笼居于塔的中间，游客沿着楼梯盘旋而上，就能多角度观赏到笼内白眉、黄鹦鹉等鸟类，站在平台上，能俯瞰全园的美景。蝴蝶馆考虑到玻璃外墙不透气、不通风、不利于蝴蝶生长的因素，全部采用尼龙网为建材，偌大的尼龙网从最高的9 m网顶呈伞形泻下，形成半透明的建筑。

动物展示减少以往封闭围墙和铁笼的做法，采用开放式展示手法，构建自然生态的动物展示环境。水禽、涉禽的展示结合禽类习性特点，塑造出池、溪、瀑、泉等多种形式的水体，利用桥、小岛、汀步的形式分隔水面，并配置了各种

花草树木，营造多样性的栖息环境。天鹅悠然自得地在湖面闲游，火烈鸟高雅潇洒地在湖心岛上信步，翘鼻麻鸭在岸边林中嬉戏追逐。而在大型走禽展区中，利用人工塑造的假山、岩石和树木遮蔽建筑物结构，展区的前部分，巧用溪涧流水、山石驳岸作为动物安全防护隔离带，既形成依山傍水的自然景观，又起到圈养分隔的功能。整个展示空间贯穿了自然野趣的情调，动物依水而居，悠然地活动，与游人观赏互不干扰，游客参观其间能自然地感受到一种与大自然和谐的旋律。蝴蝶馆内有一个 3 m 高的石山瀑布，瀑布底部人工营造水雾效果，使游客处于一种迷蒙、清凉的绿色自然环境。

（四）植物配置

广州动物园同时也是一个植物展示的园地，绿化覆盖率达 88.7%，绿化配置多选用最具热带风光的树种，并采用自然式的组群丛植，使全园充满热带亚热带情调，构成一个山清水秀、绿树成荫、格调新颖、景色宜人的优美环境。园内以高山榕（*Ficus altissima*）、白兰、红花紫荆、窿缘桉（*Eucalyptus exserta*）、鱼尾葵、红背桂、九里香、花叶蕁麻、'白蝴蝶'合果芋等基调植物来统一全园景观；以白千层、大王椰子、木麻黄、蒲桃、橡胶榕、尾叶桉（*Eucalyptus urophylla*）、金叶假连翘（*Duranta repens* 'Dwarf Yellow'）、花叶竹芋、水鬼蕉（*Hymenocallis littoralis*）、春羽、粉单竹、美人蕉等植物来突出各分区植物景观。园中采取多个品种混种的自然化配置手法，选择多种开花植物如红花紫荆、刺桐、黄槐、大叶紫薇、小叶紫薇、扶桑、美人蕉等，色彩、层次丰富；结合曲折延伸的水体，水边种植芦苇、串钱柳、黄堇、鸡蛋花、花叶良姜、春羽等，水面种植睡莲、风车草等，大大增加了水面植物的丰富度；在石山上种植了爬山虎、薜荔、软枝黄蝉等，使假石山与园林景观很好地融合在一起。乔木、灌木有机结合、高低起伏、错落有致，各异的形态都会给人带来嗅觉和视觉上的享受和乐趣。在猴山脚下的山坡上，以大叶油草（*Axonopus compressus*）为底色，中央用有色植物种植修剪成广州动物园的园徽。

现有植物种类约 250 种，其中乔木约 90 种，棕榈植物约 20 种，灌木约 70 种，藤本植物约 10 种，地被植物约 25 种，草本植物 6 种，还有竹类、水生植物、附生植物等。

四、实习作业

（1）试分析广州动物园如何将动物展览与科普、游赏相结合。

（2）速写 2 组有特色的笼舍建筑。

（郭春华 编写）

【广州起义烈士陵园】

一、背景资料

广州起义烈士陵园位于中山二路，是为纪念 1927 年 12 月 11 日在中国共产党领导下的广州起义中英勇牺牲的烈士而于 1954 年 7 月兴建的大型纪念性公园，1958 年 5 月 1 日正式对外开放，是全国重点烈士纪念建筑物保护单位，全国爱国主义教育基地和广东省重点文物保护单位。

二、实习目的

（1）了解广州起义烈士陵园的背景资料及其意义。
（2）分析广州起义烈士陵园内分区情况以及景观特点。

三、实习内容

全园总面积 18 hm²，分为陵区和园区两部分，园内既有庄严肃穆的纪念建筑，又有精巧雅致的园林艺术造景。

陵区为纪念瞻仰区，规模宏大，气势雄伟，松柏苍劲，红花绚丽，分布着各种纪念建筑：正门门楼宽 30 m，为中国传统式阙门，两边琉璃瓦殿顶的照壁上有周恩来同志题词："广州起义烈士陵园"；陵墓大道宽 30 m，两边 20 个花坛红花吐艳；广州起义纪念碑位于墓道北端，高 45 m，造型是一只巨手紧握枪杆冲破 3 块大石直至苍穹的雕塑，四周刻有广州起义过程中激烈战斗场面的浮雕，碑身有邓小平同志题词："广州起义烈士永垂不朽"；广州公社烈士墓位于陵园中轴线的制高点，墓高 10 m，直径逾 40 m，花岗石墓墙环绕着陵墓，柱顶有 40 只石狮守灵，墓墙刻有朱德同志的题词："广州公社烈士之墓"。红日从陵墓东方冉冉升起时，霞光万道，瑰丽非常，是著名的"羊城新八景"之一的"红绫旭日"；叶剑英元帅墓环境清雅幽静，叶剑英纪念碑用天然花岗岩雕琢而成，高 4.6 m，有叶剑英半身浮雕像和邓小平同志题词。

园区为游览休息区，为典型的岭南风格园林，湖光绿树垂荫，曲径延绵，鸟语花香。近年来，为适应社会发展，陵园不断加强基础设施建设和环境改造，在园区增设了花卉馆、"寿而康"老人活动区、儿童游乐场、健美乐园、溜冰场等多个游乐场地。其中，花卉馆由 3 座园林式展馆组成，管内常年举办园林、书画、摄影等各类艺术展览，集艺术、科普、游览功能于一体。

四、思考题

思考作为陵墓园林，其形式与其他园林形式的区别在哪里？如何突出其

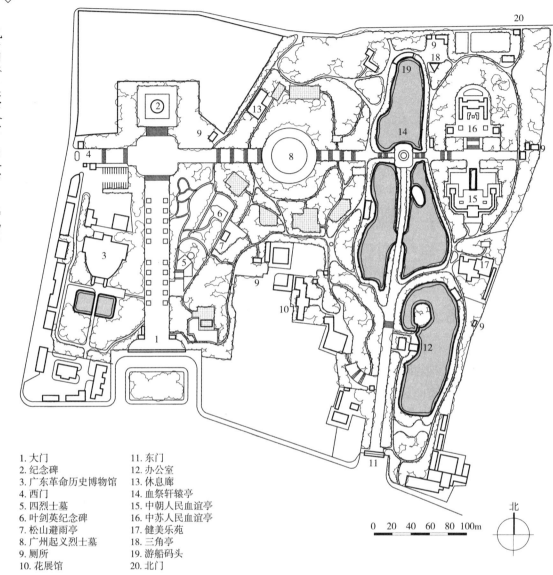

1. 大门　　　　　　　11. 东门
2. 纪念碑　　　　　　12. 办公室
3. 广东革命历史博物馆　13. 休息廊
4. 西门　　　　　　　14. 血祭轩辕亭
5. 四烈士墓　　　　　15. 中朝人民血谊亭
6. 叶剑英纪念碑　　　16. 中苏人民血谊亭
7. 松山避雨亭　　　　17. 健美乐苑
8. 广州起义烈士墓　　18. 三角亭
9. 厕所　　　　　　　19. 游船码头
10. 花展馆　　　　　　20. 北门

0　20　40　60　80　100m

北

广州起义烈士陵园平面图（改绘自：中国勘察设计协会园林设计分会，《风景园林设计资料集——园林绿地总体设计》）

特色？

五、实习作业

（1）调查园区内植物种植情况并作出植物配置分析报告。

（2）速写 2 幅，其中包含 1 幅纪念性建筑在内的场景。

（3）草测红陵旭日景区，并分析其景观设计手法。

（李　薇编写）

【海珠湖公园】

一、背景资料

海珠湖公园位于广州城市新中轴的南段，公园面积 149.8 hm²，其中湖心区 94.8 hm²（水面面积 53 hm²，陆地面积 41.8 hm²），绿化配套用地 55.0 hm²。海珠湖建设出于对雨洪调蓄的需要，将"海珠雨洪调蓄区工程"与景观建设综合考虑，它是海珠区治水工程中调水补水体系的核心部分，同时具有生态、休闲旅游等功能，洪涝来时可以作为蓄洪区，洪涝去时又可以作为休闲区。海珠湖在水环境改善方面主要有 3 个作用：一是解决城市防洪排涝的问题；二是通过开挖湖区，连通整个海珠区内水网，使几大河涌与雨洪调蓄区相连，共同发挥调蓄作用；三是满足调水补水的需要，海珠区内部分河涌属于断头涌，现有的水动力无法满足补水需要，就要通过人工，调水补水到上游。建成至今，公园已成为广州市民日常锻炼、休闲观光的好去处。

二、实习目的

（1）了解海珠湖公园作为一个蓄调水工程的功能作用以及在园林景观布局、游憩活动安排等方面的特点。

（2）学习海珠湖公园植物景观配置的特点，了解水生植物造景与生态功能。

三、实习内容

（一）总体布局

海珠湖公园布局以堤做分割，形成内、外两湖。内湖为中心大湖面，湖中有岛，岛位于湖区中偏东位置，岛上设一珠形标志性建筑，夜间配以灯光，以喻"海珠"之意；环湖堤外河道呈环形，形成一条"玉环"状外湖，环抱着圆形的内湖，构成"金镶玉"形态的空间格局，十分优美。外湖与石榴岗河、大围涌、大塘涌、上冲涌、杨湾涌、西碌涌共 6 条河涌相交汇，形成"一湖六脉"的结构形态。海珠湖公园突出生态性，根据水域情况，因地制宜地布置水生植物群落，加强湖区水环境的自净能力。岸上及湖心岛上布置亚热带植物群落，与周边万亩*果林构成了海珠湿地的生态格局。沿游览路线建设了绿道、亭廊、驿站、景观桥、亲水平台、水上栈道、停车场、便民服务点，以及警务室和医疗室等设施。

（二）园景

海珠湖公园主入口设有入口广场，与城市道路新滘路相接，它是一片高出路

---

* 1 亩 = 667 m²。

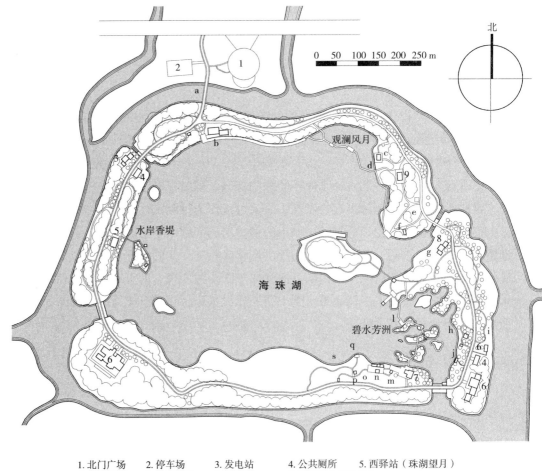

1. 北门广场	2. 停车场	3. 发电站	4. 公共厕所	5. 西驿站（珠湖望月）
6. 办公建筑	7. 大益茶驿	8. 警务室	9. 东驿站（碧云天）	

瑶溪古景

a. 待月桥	b. 瑶溪怀古	c. 听秋居	d. 泉中泉	e. 樟坪	f. 景融轩
g. 蒸霞岸	h. 藤花坐	i. 十丈红棉道	j. 枕涛屋	k. 云林画意坡	l. 吟虹径
m. 独榕厦	n. 河南茶市	o. 茶田	p. 劳农亭	q. 鉴空处	s. 谑翠堤

海珠湖公园平面图（根据卫星地图结合现场核对自绘）

  面的场地，因考虑到大量人流集散的需要，铺装面积较大，上面摆置着雕刻有"海珠湖" 3 个大字的黄蜡石。入口广场西侧有一座横跨外湖的白色拱桥——待月桥。

  由北门广场经过待月桥可到达内湖北岸的亲水平台。在 250 m 长的亲水平台上赏湖，千亩湖景映入眼帘，颇有西子湖畔"平湖秋月"的味道，由平台可遥望湖心岛，岛上种植着樟树、人面子、紫荆、阴香、高山榕等 500 多株树木，绿化面积 1 hm²。亲水平台东接跨行于东北角湖面的木栈道，木栈道两旁是成片湿地，2 hm² 的湿地里种植着荷花、芦苇等水生植物。湿地中央有观鱼亭，游客可以在此赏荷、观鱼、休息。此处自然风光优美，入夜，微风吹来，波光粼粼，颇有"月到风来"之意境，故命名为"观澜风月"景区，岸上有一休闲建筑——碧云天，为海珠湖东部驿站。

湖的东南角亦有一连接多个小岛的水上栈道，此处湖岸曲折，有游船码头可通向海珠湿地一期景区，该部分以生态绿化为主，栈道旁与水边植有落羽杉和各种水生植物，碧水涟涟，汀渚隐约，故命名为"碧水芳洲"景区，岸上有一休闲建筑——琼瑶阁，为海珠湖南部驿站，现为大益茶体验馆。

湖的南部是大片开阔草坪，适宜开展大型群体性活动。由此转入海珠湖西面，为"水岸香堤"休闲区，路边有一休闲建筑——珠湖望月，为海珠湖西部驿站，与周边环境紧密结合，形成水、树、建筑融为一体的景观。该区北面设有12 m宽道路，经过待月桥与北侧城市道路连接。

2014年，第20届广州市园林博览会主展区选址在海珠湖公园。园博会以弘扬岭南园林文化为目的，以海珠"瑶溪二十四景"为题材，在湖岸原"观澜风月"和"碧水芳洲"景区建设瑶溪古景，以重现失落的乡土田园景观，追忆往日人文风俗。瑶溪古景以"情系岭南水乡，再现瑶溪文化"为主题，结合"瑶溪二十四景诗"对展区进行规划设计。在园博会的主入口，配合集散广场建设，筑一"春之画卷"牌坊，通过扇面的花纹图案将游客引入到富有岭南特色的美丽画卷中。在展区内部的景点设计中，采用岭南园林造景手法，通过景石、景墙、建筑，结合水景营造，绿化布置，再现了"瑶溪十七景"景象，分别是藤花堂、听秋居、景融轩、河南茶市、谑翠堤、鉴空处、十丈红棉道、樟坪、云林画意坡、蒸霞岸、泉中泉、待月桥、独榕厦、吟虹径、劳农亭、枕涛屋和茶田。其中，藤花堂展示花卉精品和插画艺术；听秋居周边则集中展示富有秋意的秋冬植被；景融轩上可以饱览海珠湖周边的桃花；河南茶市再现历史上的茶市文化，还有小块的茶田；枕涛屋则展示了桑基鱼塘的景观。瑶溪古景与海珠湖的现有景观和生态环境融为一体，赋予了海珠湖公园更为深厚的岭南历史文化内涵，提升了海珠湖公园的景观效果。

（三）风景园林建筑小品

园中建筑为传统岭南建筑，采用青砖灰瓦、满洲窗、灰塑等传统岭南建筑元素，建筑通透、轻巧；木建筑外立面以木色为主，灰瓦屋顶，给人以纯朴自然的感觉。"听秋居""景融轩""枕涛屋""河南茶市"等景点的建筑和景观营造，无论是建筑风格还是用材、做法，均延续了岭南园林的传统。

园内建筑庭院凿池置石，周边间以四时花木，配置高大乔木遮阴，亭、廊、桥、舫、景门、花窗等园林建筑则穿插布局，结构精巧、色彩艳丽，空间通透开敞。为了达到既在功能上经济，又在景观上"小中见大"的效果，园景构图上常设置缩小尺度的山、池、亭、桥、路等来扩大空间感觉。巧用景门、景窗、假山、框景来增加景深层次，辅以迂回小径延长游览路线。园林空间组合灵活多变、过渡自然，建筑小品意境含蓄多姿。栈道、曲桥是海珠湖湖面和绿岸的分割与联系。通过合理的规划，栈道和曲桥将小岛、大树、水面、水生植物等切割成

一幅幅各具特色的画卷。

1. 听秋居

建筑外墙采用"糯米 + 黏土 + 少许石灰"建造而成，保证墙体的坚固性、承载力以及防水等功能；墙底铺装大理石，发挥防水功能；屋顶为当地海草，具有冬暖夏凉、居住舒适、百年不毁等优点。这些都是古时当地居民楼的典型筑造方式，体现了岭南园林的自然性、生活性以及实用性。

2. 景融轩

造型独特，为船舫造型，临水而建，具有浓郁的水乡特色；采用钢筋混凝土框架结构、青砖灰瓦、飞檐斗拱式等岭南标志性建筑特色，显示出古典美。飞檐斗拱式的屋顶高而尖，不仅有利于排水，还有利于通风散热；墙身采用青砖砌成，屋顶采用青瓦盖置，质朴隽秀，且透气性好。因地制宜，密切结合当地气候条件，十分注重庭院的适应性和实用性。而且借用水面，起到很好的开拓视野的作用；让建筑融入环境，景观衬托建筑，达到在屋内看园景，园内看建筑的效果，突显出岭南园林造园的独特手法。

3. 茶市

还原了古时茶市的建筑、贸易和繁荣面貌，将广州人日常生活与茶的故事通过建筑、雕塑、茶田和漫画演绎出来。采用青砖灰瓦构建两旁建筑，建筑形体轻巧，构造简易，体量也较小，建筑的外形轮廓柔和稳定，大方朴实，采用大理石作为地面铺装材料，再现古代海珠茶室的繁华景象。展现了岭南园林建筑以生活性为主，实用功能极强的务实风格。

（四）植物配置

植物造景充分展现了岭南园林的多彩性和丰富性，形成"乔灌草水"立体花海效果。在湖心岛、内湖区域等重要景观节点成片种植洋紫荆、黄花风铃木（*Tabebuia chrysantha*）、红花楹等，营造高层"乔木花海"；在堤岸及小岛上点缀桃花、紫薇、鸡蛋花、夹竹桃等，营造中层"灌木花海"；沿路设置鲜花带，在湖心岛用花生藤等营造地被，形成底层"地被花海"；在外湖、内湖木栈道、小岛等区域，依湖岸的曲线变化及庭院景观大规模种植荷花、睡莲等水生观赏花卉，营造"湿地花海"。此外，特别注重发挥乡土乔木的景观和文化功能，如利用广州市花木棉树高大雄伟，开花如火如荼的壮观景象，营造"十丈红棉道"古景，以原有一株高大红棉为视觉焦点，周围配以平台坐凳及景石刻字，以蜿蜒小路引导游客进入"照影红如火""青山绚四围"的意境中。又在公园西南部利用香花植物建设十香花苑。

环湖的园道旁种有樟树、人面子、紫荆、罗汉松、高山榕等上百种植物，湖岸和木栈道两侧还种植有落羽杉及水杉，美化沿岸景观，并种植大量小乔木、花灌木及时花等。湿地应用水生植物 60 余种，其中挺水植物以荷花、再力花、垂

花水竹芋（*Thalia geniculata*）、旱伞草、纸莎草（*Cyperus papyrus*）、水生美人蕉、芦苇、梭鱼草（*Pontederia cordata*）等为主；浮叶植物较少，以睡莲为主；漂浮植物和沉水植物则保留原生态。

（五）雨水利用

海珠湖的设计建立了城市排水新理念，湖区内处处体现"以留为主、安全利用"的原则。工程设计最大限度地增加了透水面积，让雨水得以较好下渗，削减径流，滞蓄利用，达到了降低地区综合径流系数的目的。

1. 湖区道路

环湖车道：湖区东西两侧的园区主路和南北两侧的管理车道相连，形成一个环湖车道，是湖区的主干道，因海珠湖区域内的透水率较高，主干道没考虑透水性，故路面采用了改性沥青混凝土路面，但路边设有排水系统。设计时主干道的路面略高于绿地，直接利用路面作为溢流坎，使非绿地铺装表面产生的径流雨水汇入低势绿地下渗。

人行园路：湖区滨水地带设有2 m宽人行园路。海珠湖人行园路路面选用了透水路面材料，结合景观要求统筹布置了多孔的嵌草砖（俗称草皮砖）、碎石路面等透水材料。

2. 湖区停车场

设计时做成较低洼的高透水性地面（草皮砖）以贮留渗透空地。下大雨时可引入不透水铺装面的径流，暂时贮存雨水，待雨水以自然渗透方式渗入地下后便可恢复原有空间功能。

3. 湖区铺装

广场等人工铺地面积上，尽量选用草皮砖、连锁砖等透水性强的铺面。

4. 湖区建筑物

建筑物设计大部分采用集中或分散的方法，将屋顶的雨水直接收集后渗入到低势绿地中，同时个别建筑物还利用屋顶的绿化滞留部分雨水，以削减径流量。

四、实习作业

（1）分析海珠湖公园水系系统及其蓄调水功能。

（2）分析海珠湖公园的景观特点，并提出提升改造设想。

（3）分析海珠湖公园的植物配置特点。

（郭春华 编写）

【华南植物园】

一、背景资料

中国科学院华南植物园前身为国立中山大学农林植物研究所，由著名植物学家陈焕镛院士创建于 1929 年，1954 年改隶中国科学院，同时易名为中国科学院华南植物研究所，2003 年 10 月更名为中国科学院华南植物园，是我国历史最久、种类最多、面积最大的南亚热带植物园和最重要的植物种质资源保育基地之一。其保育展示区（植物迁地保护区）占地 282.5 hm²，迁地保育植物约 13 600 种（含品种）；科研生活区占地 36.8 hm²，拥有馆藏标本 100 万份的植物标本馆。

二、实习目的

（1）通过植物园实习，了解植物园布局特点。
（2）学习专类园的设计方法。
（3）了解华南植物园与上海植物园和北京植物园的异同点。

三、实习内容

（一）总体布局

华南植物园分为保育展示区（植物迁地保护区）和科研生活区。保育展示区建有世界一流的温室群景区，建立了 30 余个植物专类园以及珍稀濒危植物繁育中心、研发基地等大型保育设施，引种保护活植物 13 000 多种（含种下分类单位），其中热带亚热带植物 6100 多种，经济植物 5300 多种，国家保护的濒危野生植物 430 多种。区中心贯穿以较宽阔的湖面，临湖筑有亭榭、园桥等，形成优美的休憩环境，其中棕榈园和孑遗园两个半岛及人工湖组成"羊城八景"之一的"龙洞琪林"景观。用不同植物作为主要园路的行道树形成特色鲜明的道路景观，如大王椰子路、细叶榕路、人面子路、扁桃路和菜王椰路等。科研和生活区拥有馆藏标本 100 万份的植物标本馆、专业书刊约 20 万册的图书馆、计算机信息网络中心、公共实验室等支撑系统。

（二）专类园

华南植物园根据植物分类系统和生态习性，建立了木兰园、姜园、竹园、棕榈园、孑遗植物区、药用植物园、兰园、苏铁园、蕨类与阴生植物区、兰园、凤梨园、杜鹃园、山茶园、城市景观生态园、能源植物专类园、澳洲植物专类园等近 30 个专类园。

棕榈园：占地约 3 hm²，为 3 面环水的半岛，岛内葵风拂面，椰林玉立，展

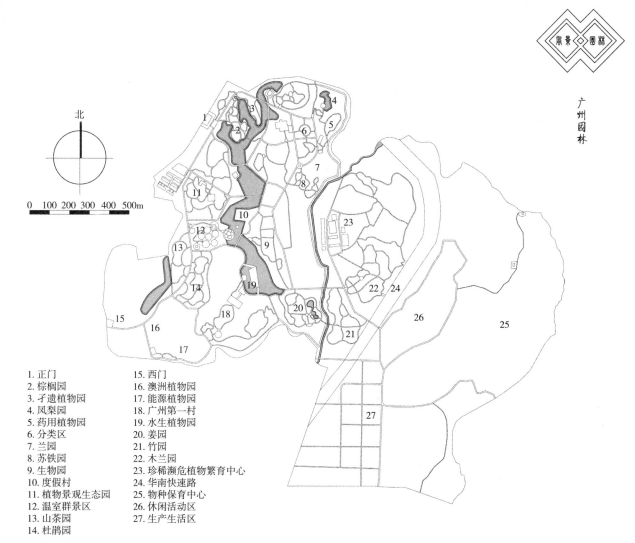

北

0 100 200 300 400 500m

1. 正门
2. 棕榈园
3. 孑遗植物园
4. 凤梨园
5. 药用植物园
6. 分类区
7. 兰园
8. 苏铁园
9. 生物园
10. 度假村
11. 植物景观生态园
12. 温室群景区
13. 山茶园
14. 杜鹃园
15. 西门
16. 澳洲植物园
17. 能源植物园
18. 广州第一村
19. 水生植物园
20. 姜园
21. 竹园
22. 木兰园
23. 珍稀濒危植物繁育中心
24. 华南快速路
25. 物种保育中心
26. 休闲活动区
27. 生产生活区

植物园平面图（根据卫星地图结合现场核对自绘）

示国内外棕榈植物300多种。其中有王棕属的大王椰子、佛州王棕（*Roystonea elata*）；蒲葵属的蒲葵、圆叶蒲葵（*Livistona rotundifolia*）、裂叶蒲葵（*L. decora*）；鱼尾葵属的短穗鱼尾葵、菲岛鱼尾葵（*Caryota cumingii*）；棕榈属的棕榈、雪山棕榈（*Trachycarpus martianus*）；棕竹属的长穗棕竹（*Rhapis humilis* var. *longiracemosus*）、细叶棕竹（*R. humilis*）、粗棕竹（*R. robusta*）；轴榈属的刺轴榈；另外还有棍棒椰子（*Hyophorbe verschaffeltii*）、椰子、油棕、琼棕（*Chuniophoenix hainanensis*）、矮琼棕（*C. nana*）、三角椰子（*Dypsis decaryi*）、大丝葵（*Washingtonia robusta*）、散尾葵、德森西雅椰子（*Syagrus tessmannii*）、弓葵（*Butia capitata*）、根刺棕（*Cryosophila albida*）、金丝葵、槟榔、康科罗棕（*Schippia concolor*）、秀丽皱籽棕（*Ptychosperma eleans*）、粗环假槟榔（*Archontophoenix alexandrae*）、长穗棕竹等不同属的植物。

孑遗植物区：收集有20多种现存种子植物中最古老的、新生代第四纪冰河时期存留下来的中国特有的珍稀名贵的孑遗树种。如水杉、桫椤、鹅掌楸、银

杏、落羽杉、南方红豆杉、蕨类植物笔筒树等。

蕨类与阴生植物区：占地约 6.6 hm²，是我国最早建立的蕨类与阴生植物专类园。主要展示了蕨类植物共 36 科 350 多种，包括笔筒树、黑桫椤（*Alsophila podophylla*）、金毛狗（*Cibotium barometz*）、福建观音座莲（*Angiopteris fokiensis*）等一批珍稀蕨类植物。该园利用乔木、藤本植物、叠山流水结合雾化系统，营造适应蕨类植物的阴湿生境，石缝流水间郁郁葱葱，如同典型的南亚热带沟谷雨林。

凤梨园：保存了主要以凤梨科为主的 15 属 298 种植物。分为旱生区、附生区、半附生区和观赏区，展现以凤梨为主的热带园林景观。利用一组由门厅、花廊、甲乙两个玻璃房及接待室组成的建筑分隔组合空间，形成岭南庭园式植物专类园区。

入口区以建园早期种植的大型樟树和南美图腾为引导，在标识景墙上有印章式"凤梨园"园名，入口植有旅人蕉科鹤望兰属的大鹤望兰（*Strelitzis nicolai*）。建筑门厅以水池壁山作对景，景墙镶嵌火山石种植凤梨，配以飘逸的江边刺葵（*Phoenix roebelenii*）。甲号玻璃房有知名的神秘果（*Synsepalum dulcificum*）、鳄梨（*Persea americana*）、金莲木（*Ochna integerrima*）、咖啡等热带植物，片植凤梨科植物，营造热带森林景观。乙号玻璃房以地生、气生、附生凤梨植物配以园林小品，行人穿梭于沙丘中，宛若置身于沙漠之中。连接门厅与甲号玻璃房的曲廊，使庭园一分为二，内侧是阳生凤梨植物区，外侧是附生凤梨区。凤梨科植物有彩叶凤梨属的彩叶凤梨（*Neoregelia carolinae*），水塔花属的水塔花，凤梨属的凤梨以及'火炬星''胜利星''紫星''若斗小红星''安妮''福里德''火烈鸟''露娜星''大黄星'等多个属的杂交品种。

药用植物园：占地面积约 3 hm²，收集岭南药用植物 1000 多种，有曼陀罗、葫蔓藤（*Gelsemium elegans*）、两面针（*Zanthoxylum nitidum*）、枇杷等，还有制作王老吉、五花茶凉茶的原料植物，另有用作提炼麻醉剂的古柯（*Erythroxylum novogranatense*）、治疗心脏病的绞股蓝（*Gynostemma pentaphyllum*）等，以及治疗刀伤、内伤、寒热、祛湿、蛇毒等药用植物。园内配以亭台、雕塑、流水等园林景观，让游客在赏心悦目的游玩中了解中草药文化。

兰园：占地面积约 1.2 hm²，保育兰科植物 50 多属 800 余种，由附生兰区、地生兰区、中国兰区、兰花景观温室、洋兰温室等组成，是我园景观最为优美的专类园之一。园内的品茶轩、王莲池、拱形喷泉、亲水平台等园林小品精巧雅致，环境清幽，配合兰花高雅幽香的文化风情而韵味无穷。兰园的热带兰花有兜兰、大花蕙兰、石斛兰、硬叶吊兰（*Cymbidium bicolor*）、湿唇兰（*Hygrochilus parishii*）、万代兰、卡特兰、火焰兰（*Renanthera coccinea*）、墨兰、香荚兰（*Vanilla fragrans*）、竹叶兰（*Arundina graminifolia*）、杂交兰品种'黄金小神童'等。

苏铁园：占地约 2.3 hm²，是我国最早开始苏铁植物引种栽培的专类园，展示誉为"活化石"的苏铁类植物共 70 余种。主入口处以高低搭配的各种苏铁突出苏铁园主题，高大的越南篦齿苏铁和题有"苏铁园" 3 个字的景石组合和谐，形成入口特色景观。步入园中，涓涓流水中枯木横斜，枯木旁有凶猛的鳄鱼和大型恐龙雕塑，展现了遥远的侏罗纪时期景象。苏铁园收集苏铁植物 40 多种，有美洲苏铁（*Zamia pumila*）、刺叶非洲苏铁（*Dioon spinulosum*）、叉叶苏铁（*Cycas micholitzii*）等珍贵种类。

木兰园：占地约 12 hm²，保育和展示木兰科植物 200 余种（含品种），是世界上收集木兰科植物最多的基地之一。园区按木兰属、木莲属和含笑属三大类群进行配置，保存有华盖木（*Manglietiastrum sinicum*）、紫花含笑（*Michelia crassipes*）、观光木（*Tsoongiodendron odorum*）、焕镛木（*Kmeria septentrionalis*）、石碌含笑（*Michelia shiluensis*）、鹅掌楸、大果木莲（*Manglietia grandis*）等珍稀濒危种类 23 种。园内有二乔玉兰、野含笑（*Michelia skinneriana*）、大叶木兰、夜香木兰、荷花木兰、深山含笑、香港木兰（*Magnolia championii*）、'玉灯'木兰（*Yulania denudata* 'Lamp'）等。

竹园：占地面积 4.2 hm²，收集各种材用、笋用、编织用等竹类植物 30 属 222 种 3000 余丛。有观赏性强的筇竹（*Qiongzhuea tumidinoda*）、刚竹、黄金间碧玉竹、大佛肚竹、方竹（*Chimonobambusa quadrangularis*）、滇竹（*Gigantochloa felix*）、苦竹（*Pleioblastus amarus*）等，也有珍稀濒危的铁竹（*Ferrocalamus strictus*）、刺龙竹（*Drldal spinqsus*）、箭竹（*Fargesia spathacea*）等。园内建有竹地被区、观赏竹区、藤竹区、食用竹区、材用竹区、散生竹区等景观区。竹园四季青翠，环境清静优雅，仿竹亭掩映在摇曳的竹丛中，是人们观鸟、听雨，享受大自然的绝妙之处，竹园观笋时间为 5 月前后。

姜园：包括 5 个功能区，即：引种保育区，占地面积约 1.5 hm²，用作野外引种和国内外引种的姜目（科）植物种类的驯化栽培基地；科学试验区，占地面积约 1.0 hm²，为进行姜目（科）植物科学研究所需材料种植用地或试验地；保育温室和遮阳网室，建筑面积 1000 m²，为来自热带地区的姜目植物提供顺利越冬的设施条件，同时提供保育所需的遮阴条件；科普展示区，对外开放展览区，占地面积约 4.7 hm²；展翠楼，用以陈列和展示植物园在姜科植物研究方面的成果，并向广大公众宣传和介绍姜目植物知识。姜园栽植引自国内外的旅人蕉科、芭蕉科、兰花蕉科、蝎尾蕉科、姜科、闭鞘姜科、竹芋科和美人蕉科 8 科 18 属 300 多种姜类植物，包括药用、芳香和观赏的姜科植物，如山姜属、姜花属和姜属等。

"广州第一村"遗址（地带性植被园）：占地近 14 hm²，早在 2200 ～ 4000 年前已有先民在此刀耕火种，因此被认为是孕育广州人老祖宗的"发祥地"。"广

州第一村"景观再现了南粤先民与周边环境的和谐共生，入口景石上雕刻有远古的图案和文字，接着是跌水景墙和建筑外墙立面雕刻，里面结合不同环境布置了先民狩猎、农耕和日常生活雕塑，水边布置演艺舞台。"广州第一村"体现了当时人类利用乡土植物的文化传统，两侧山坡通过模拟自然森林群落结构配置乡土植物，展示了广州地区南亚热带季风常绿阔叶林的典型群落类型。配置望天树（*Parashorea chinensis*）、伯乐树（*Bretschneidera sinensis*）、红花荷（*Rhodoleia championii*）、粗壮润楠（*Machilus robusta*）、臀形木（*Pygeum topengii*）、禾雀花（*Mucuna birdwoodiana*）、椭圆叶木蓝（*Indigofera cassoides*）等观赏植物。

水生植物园：水生植物园现存亚热带和热带湿地植物约 150 种。这里因地制宜地保育了野生稻（*Oryza rufipogon*）、莼菜（*Brasenia schreberi*）和中华水韭（*Isoetes sinensis*）等多种珍稀濒危植物，展示了沉水、漂浮和挺水等各种生态类型水生植物，集中模拟栽培了我国南方湿地植被和景观特征，是了解和学习湿地知识的理想场所。这里是一个长满了水生植物的水塘。其中有玄参科的紫苏草（*Limnophila aromatica*），睡菜科的金银莲花（*Nymphoides indica*），千屈菜科的圆叶节节草（*Rotala rotundifolia*），爵床科的水蓑衣（*Hygrophila salicifolia*），睡莲科的睡莲，三白草科的三白草（*Saururus chinensis*），唇形科的齿叶水蜡烛（*Dysophylla sampsonii*），柳叶菜科的水龙（*Ludwigia adscendens*），美人蕉科的粉美人蕉（*Canna glauca*）、水蕉（*Costus speciosus*），雨久花科雨久花、梭鱼草，鸭跖草科的水竹叶（*Murdannia triquetra*），蓼科的水蓼（*Polygonum hydropiper*），花蔺科的水罂粟（*Hydrocleys nymphoides*），睡莲科的王莲，还有天南星科和小二仙草科的个别植物。

杜鹃园：收集了约 150 种杜鹃花属植物，其中杜鹃花约有 20 多个品种，丛植或单植在湖畔、草坡、树林间。这里有杜鹃花科的映山红、锦绣杜鹃（*Rhododendron pulchrum*）、猴头杜鹃（*R. simiarum*）、白花杜鹃（*R. mucronatum*）、鼎湖杜鹃（*R. tingwuense*）、钝叶杜鹃（*R. obtusum*）、紫花杜鹃（*R. amesiae*）等，还有一些蝶形花科的植物。

山茶园：占地面积约 4 hm²，分为山茶花区、金花茶区和茶梅区，营造四季山花烂漫的景观。收集了 150 多种山茶植物，白的似雪，红的胜火，更有着有"茶花皇后"之称的金花茶，还有山茶科的茶梅、宫粉梅（*Armeniaca mume* var. *mume* f. *alphandii*）以及'金盘荔枝'红皮糙果茶、'十八学士''粉十八学士''松子鳞''红六角''五宝茶''红花茶''多彩十八学士''虞美人'等。

澳洲植物专类园：引种保育和展示澳大利亚植物种类共 130 种，其他非澳大利亚原产的植物 38 种。模拟澳大利亚自然生态环境的演替规律，建立了雨林植物区、干旱雨林孑遗灌木区、季风白千层林、热带旱河湿地、岩生植物区、古老植物区、芳香植物区等典型的植物群落。栽植有澳大利亚国树

桉树和国花澳洲金合欢（*Acacia decurrens* var. *mollis*），代表性种类有澳洲银桦（*Grevillea robusta*）、金蒲桃（*Xanthostemon chrysanthus*）、瓶干树（*Jatropha podagrica*）、昆士兰贝壳杉（*Agathis robusta*）、火轮木（*Stenocarpus sinuatus*）、火焰木（*Spathodea campanulata*）、斑克木（*Banksia integrifolia*）、澳洲鸭脚木（*Brassaia actinophylla*）、肯氏南洋杉（*Araucaria cunninghamii*）、澳洲莲叶桐（*Hernandia cordigera*）、南方巨盘木（*Flindersia australis*）、澳洲坚果（*Macadamia ternifolia*）、摩尔大苏铁（*Macrozamia moorei*）等。

园区使用巨石、土堆和草坡来模拟澳洲的海滨、旷野景色，因地制宜地配置各种生态类型的澳洲本土植物，同时又巧妙地将澳洲原住居民部落狩猎、居住、祭奠的生活场景生动地展示出来。景点有入口广场、南十字星喷泉、波浪草坪、澳洲原住居民小屋、成人仪式环、岩石园等，充分展现了澳大利亚的人文历史与丰富多彩的园林植物景观。

能源植物专类园：占地总面积 1.9 hm²，收集能源植物 300 多种。分为油料植物区、薪炭林区和能源农作物区三大区域，其中包括油茶、油楠（*Sindora glabra*）、油桐、木油桐（*Vernicia montana*）、油棕、乌桕等油脂类能源植物，油楠、小桐子、银合欢等富含类似石油成分的能源植物，甘薯、木薯等富含高糖、高淀粉和纤维素等碳水化合物的能源植物。典型的能源植物树种还有麻风树（*Jatropha carcas*）、光棍树、铁力木（*Mesua ferrea*）、三桠苦（*Evodia lepta*）、铁刀木（*Cassia siamea*）、五节芒（*Miscanthus floridulus*）、斑茅（*Saccharum arundinaceum*）等约 150 种。能源园不仅是能源植物种质资源基因库，也是科普展示、繁殖推广和生物质能研究与开发利用的一个重要平台。

城市景观生态园：占地约 20 hm²，汇集了城市园林建设的各种生态景观模式，主要包括城市生态林区、国花市花区、城市住宅小区植物区、城市行道树与道路绿化区、岭南郊野山花区、民俗与家居植物配置区等类型分区，共展示了 1000 余种乡土园林景观植物，包括蒜香藤（*Mansoa alliacea*）、美丽异木棉（*Chorisia speciosa*）、斑鸠菊（*Vernonia esculenta*）等珍稀和奇特种类。景观园师法自然，回归自然，亲近绿色，成为未来华南城市园林景观建设的物种配置范例。

大型展览温室群：占地 7.5 hm²，集植物迁地保护、科学研究、科普旅游于一体，共收集植物种类约 3500 种，具有优美的园林外貌、丰富的科学内涵和深厚的文化底蕴，向公众展示了全球植物生态类型，是广州市标志性建筑和最富特色的园林景观，是亚洲乃至世界最大型的植物景观温室群。温室的木棉造型源自于广州市花木棉花，由 4 个造型各异的五边形温室相互连接，组成了木棉花的形态。温室的设计和水系相互映照，水系的设计形成整个木棉花枝和叶子，沿着水系，4 座大小不一的花瓣形温室串联起来，包括一个主体展览温室和 3 个辅助性

温室。热带雨林室、植物水族馆、奇异植物室、沙漠植物室、高山/极地植物室与室外稀树草原景观遥相呼应，浑然一体。

蒲岗自然教育径：面积约 1.5 hm²，以南亚热带季风常绿阔叶林的植物学和生态学知识为主题建成蒲岗自然教育径，是我国首个集游览观光、科普教育、人文景观于一体的自然教育径，是向公众特别是青少年普及植物学、生态学知识以及进行爱国主义教育的场所。区内有重要人文景观、广州市重点保护文物——朱澄古墓。

四、实习作业

（1）分析植物园的布局特点。

（2）选取 2 ~ 3 个代表性专类园，分析其设计特色。

（3）速写园景 3 幅。

（郭春华 编写）

【黄花岗公园】

一、背景资料

位于广州市北面的白云山南麓先烈中路 79 号，占地面积约 12.91 hm²。始建于 1912 年，是为纪念 1911 年 4 月 27 日（农历辛亥年三月二十九日）孙中山先生领导的同盟会在广州"三·二九"起义中牺牲的烈士而建的，故又称黄花岗七十二烈士墓园。除了七十二烈士墓之外，墓园内还有被誉为"中国航空之父"的中国第一个飞机制造家和飞行家冯如之墓、陆军上将邓仲元之墓、被孙中山誉为"中国革命空军之父"的杨仙逸之墓、被孙中山称作"为共和殉难之第二健将"的史坚如之墓以及越南烈士范鸿泰之墓等。每年 3 月 29 日是黄花岗起义纪念日，民众在此举行吊唁活动。

新中国成立后建为纪念性公园，是国务院第一批列为全国重点文物保护单位，被市政府评为羊城八景之一。"黄花浩气"和广州十大美景之"辛亥之光"，是市级、省级和中国侨联爱国主义教育基地。巍巍纪功坊，桓桓烈士墓，"碧血黄花"之崇高精神，为广州这座英雄的城市树立了一座伟绩丰碑。

二、实习目的

（1）了解建造黄花岗公园的历史背景。

（2）了解黄花岗公园的总体规划内容，学习纪念性公园的常用设计手法。

（3）分析园内主要景点的设计，学习在设计中表达场所精神、人文精神的方法。

（4）讨论纪念性公园对现今人们生活的影响与作用。

三、实习内容

（一）墓园结构

全园布局采用中轴对称的规则式布局形式，运用主景升高的艺术手法，营造庄严肃穆的纪念气氛。全园分为主墓道、旧墓道、纪念广场和东北角烈士墓区四部分，建筑规模宏大，气势雄伟。主、副墓道的纪念性建筑整体上均仿照巴洛克建筑风格，选用石材建造，但在建筑细部和装饰纹样部分则采用中国传统形式，是一种中西合璧的设计方式。主入口内即是宽敞的墓道，长达 300 m，层级而上，依次布置正门牌坊、拱桥、默池、烈士墓碑亭和记功柱，两旁苍松翠柏排列有序，遍植黄花，烘托出"满园黄花、辉映碧血"的庄严肃穆的气氛。巍峨的正门为高 13 m 的牌坊，上面镌刻着孙中山先生亲笔题词的"浩气长存"4 个大字。记功碑上刻有历史缘由和烈士英名，顶部是高举火炬的石雕自由神像。七十二烈

士之墓安放在岗陵之上，居于墓台当中，纪功坊峙立墓后。纪功坊上屹立着自由女神像，墓旁孙中山先生手植树苍劲挺拔。潘达微先生、邓仲元、杨仙逸、冯如、史坚如等革命烈士也安葬于此。南墓道为碑林，镌刻有"自由魂""精神不死"等碑文，字字语重千钧。两条逾 3 m 高的连州青石透雕龙柱，夹道相对。园内还有黄花井、黄花亭、默池、四方池、八角亭、黄花园及网球角等活动服务区。

墓园原地保留了百年老树和大片竹林、葵林，并保存有 1 株 1912 年孙中山手植马尾松、1 株 1920 年林森和吴景濂手植榕树等名人纪念树。1949 年种植了一批代表树种，有松、柏、桉、樟、竹等，20 世纪 50 年代又另种植了龙眼、桂木、人心果等果木和蒲葵等经济作物。"文革"后，以"碧血黄花"为意境主题营造了植物景观，其主调树种选用马尾松、湿地松（*Pinus elliottii*）、罗汉松、圆柏、龙柏、竹柏、落羽杉、南洋杉等常绿针叶乔木和木棉、凤凰木、黄槐、黄花夹竹桃（*Thevetia peruviana*）、黄蝉等开花乔、灌木，基调树种选择的是桉、楹、榕、樟、秋枫（*Bischofia javanica*）、山牡荆（*Vitex quinata*）、皂荚、人面子、粉单竹、鱼尾葵等常绿乔木。

20 世纪 90 年代先后增建了黄花园和生态园。

（二）主要景点

1. 浩气长存

竣工于 1936 年。正门牌坊为三开间拱门造型，长 31 m、宽 3 m、高 13 m。门额上镌刻着孙中山先生题写的"浩气长存"4 个嵌金大字，苍劲有力。从词义上说，浩气就是正气。

2. 默池

建于 1921 年。默池正处在主墓道中，是瞻仰、拜祭先烈必经之道。其上建有麻石拱桥，采用条状窄石板密砌工艺建造。游客走上拱桥，由于斜坡的作用，便会不由自主地把头低下，躬身默哀，使人肃然起敬。桥的左右设有喷水，如烟似雾，不停不息，喻指国民悲思不已，泪流积池。

3. 七十二烈士之墓

于 1921 年建成，位于主墓道终点的岗岭之巅。墓圹呈四面坡方锥形，顶层由 72 块青石叠成崇山形，象征 72 烈士。这些青石分别刻上当时国民党海外各地支部名称和个人的名字，作为纪念他们捐款建设墓园有功的"献石"。献石堆顶上屹立着自由女神像，由纽约华侨捐赠，表达了要为建立自由平等国家而奋斗的革命思想。自由女神像右手高举的钟锤与前方碑亭的钟状亭盖相互呼应，意喻"警钟长鸣，唤起民众"。碑亭内竖立《七十二烈士之墓》方尖碑。墓圹的正南方铺设墓台，两侧的台阶处各安放一座青蟠龙香炉，造型古朴，工艺精湛。1911 年 4 月 27 日（农历三月二十九日），同盟会发动广州起义失败，喻培伦、林文、林觉民、方声洞等 100 多人殉难，潘达微先生将收殓的 72 具遗骸营葬此地。

北

花岗公园平面图（改绘自：李敏等，《广州公园建设》）

1. 正门牌坊
2. 墨池
3. 林森手植树
4. 吴景濂手植树
5. 碑纪厅
6. 奏乐台
7. 七十二烈士墓
8. 纪功坊
9. 碑记
10. 孙中山手植树
11. 二横门
12. 红铁门
13. 碑廊
14. 龙柱
15. 邓仲元墓
16. 杨仙逸墓
17. 冯如墓
18. 叶少毅墓
19. 史坚如墓
20. 八角亭
21. 王昌墓
22. 范鸿泰墓
23. 黄花井
24. 黄花亭
25. 地界碑亭
26. 四方池
27. 接待室
28. 西亭
29. 西门
30. 后勤区
31. 网球场
32. 办公业务楼
33. 休息亭廊
34. 服务部
35. 洗手间
36. 潘达微墓
37. 票房、值机房

4. 纪功柱

墓圹的正北方耸立着纪功坊，坊的横额上镌刻着 12 个字的篆文："缔结民国七十二烈士纪功坊"，由著名的革命党人章炳麟书写。坊楣顶部浮雕正中镌刻有宝瓶、黄菊，两侧各刻一株红棉，意喻"碧血黄花"，坊墙正面镌刻有孙中山先生手书"浩气长存" 4 个黑漆大字。

5. 龙柱

国民党安南党部于 1926 年 3 月献造。位于旧墓道的尽头，用著名的连州青石透雕而成，高约 3 m，柱身为倒卷的青龙，基座高约 1.5 m，有"擎青天而飞去"的浮雕造型。这对龙柱体现了革命先烈为中华民族腾飞而奋斗的磅礴气势。

6. 四方池

建于 1921 年。当时民国菲律宾埠中国国民党第一支部、第二支部同敬献。池壁上刻着七十二烈士庐塘基（即房舍，有池塘）。

7. 孙中山手植树

它出自孙中山先生手泽，是黄花岗墓园繁多的树木中最有历史意义的封植。1912 年陵园初建时，两粤广仁善堂恭请孙中山先生手植松树 4 棵，现仅存的 1 棵。

8. 潘达微墓

潘达微，广东番禺人，1906 年参加同盟会。"三·二九"起义失败后，他冒死发动广仁善堂收集烈士遗骸，并以房契作抵押，购得东郊红花岗，以秋日黄花比喻烈士不屈的品格。从此"黄花岗"之名沿用至今。

9. 碑廊

碑廊里是后人为纪念缅怀死难烈士所立的碑。

10. 紫罗兰网球角

拥有 2000 m² 绿化面积的园林式西餐厅和茶艺室，内设国际标准的网球场。

11. 箭竹顶

箭竹顶茶场是何子渊家的祖传产业，地僻山高，环境险峻，外人轻易不敢涉足，正是革命党人畅谈国事、针砭时弊的理想场所。因此，但凡党内、盟内有重大事项要最后敲定，均要到箭竹顶协商、定夺，是辛亥革命的重要策源地之一。

四、实习作业

（1）了解黄花岗公园历史背景，学习革命烈士的优良品质。

（2）草测八角亭平面图、立面图。

（3）分析并总结纪念性公园的设计方法及空间布局形式。

（4）选择园内任意两处景点，完成风景速写两幅。

（曾洪立 编写）

【可园】

一、背景资料

东莞可园位于广东省东莞市莞城区可园路 32 号，为清代广东四大名园之一，也是岭南园林的代表作，始建于清道光三十年（1850 年），为莞城人张敬修所建，此人以捐钱得官，官至广西按察，后被免职回乡，便修建可园，咸丰八年（1858 年）全部建成。

关于可园的名字，有着不同的解释，众说纷纭中却有一点相同，就是这个庭院"可堪游赏"。可园初建成时占地面积不大，但麻雀虽小而五脏俱全，可园以其有限的空间融入了多种造园手法，精巧别致，呈现了岭南地区独具魅力的园林艺术，一楼、六阁、五亭、六台、五池、三桥、十九厅、十五间房，左回右折，互相沟通，通过式样不同的大小门及游廊、走道连成一体，设计精巧，布置新奇。一系列的亭台楼阁多以"可"字命名，如可楼、可轩、可堂、可洲等，其建筑是清一色的水磨青砖结构。最高建筑可楼，高 17.5 m，沿楼侧石阶可登顶楼的邀山阁，四面明窗，凭窗可眺莞城景色。

二、实习目的

（1）了解作为"岭南四大名园"之一的可园在庭园布局、建筑造型、装饰、色彩等方面的特点。

（2）学习可园的营园手法，深入研究其庭园布局手法，以及理水、叠石、建筑、植物四大庭园设计要素，并赏析岭南庭园独特的装饰特色。

（3）建议采用比较式的学习方法，比较东莞可园与顺德清晖园、佛山梁园和番禺余荫山房的异同点，从而感受岭南庭园的整体特点。

三、实习内容

（一）总体布局

庭园平面呈不规则的多边形，占地面积约 2204 m²，建筑面积 1234 m²。所有建筑均沿外围边线成群成组布置，"连房广厦"围成一个外封闭内开放的大庭园空间。

从可园的平面布局来看，包括两个平庭，是错列式的内庭结构。一般庭园多以单幢建筑（如厅堂）之类的分散布势，再连以回廊曲院，构成大小庭园空间，但可园中的建筑与一般庭园不同，可园的建筑集成为几组群，在组群之间包围着两个较为开阔的内庭空间，属"连房广厦"式的庭园布局手法。

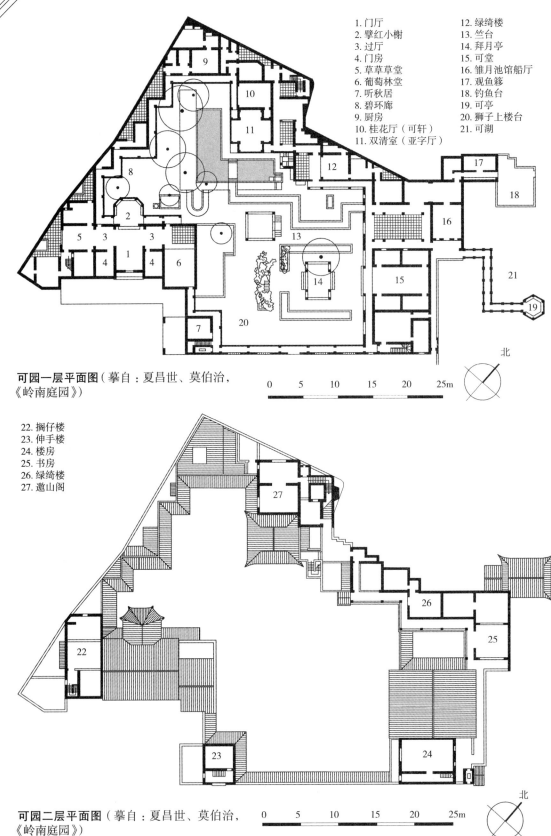

风
景
园
林
专
业
综
合
实
习
指
导
书
——
华
南
篇

1. 门厅
2. 擘红小榭
3. 过厅
4. 门房
5. 草草草堂
6. 葡萄林堂
7. 听秋居
8. 碧环廊
9. 厨房
10. 桂花厅（可轩）
11. 双清室（亚字厅）
12. 绿绮楼
13. 竺台
14. 拜月亭
15. 可堂
16. 雏月池馆船厅
17. 观鱼簇
18. 钓鱼台
19. 可亭
20. 狮子上楼台
21. 可湖

可园一层平面图（摹自：夏昌世、莫伯治，《岭南庭园》）

0 5 10 15 20 25m

北

22. 搁仔楼
23. 伸手楼
24. 楼房
25. 书房
26. 绿绮楼
27. 邀山阁

可园二层平面图（摹自：夏昌世、莫伯治，《岭南庭园》）

0 5 10 15 20 25m

北

广州园林

根据功能和景观需要，建筑大致分3个组群。东南门厅建筑组群，为入口所在，是接待客人和人流出入的枢纽。以门厅为中心还建有擘红小榭、草草草堂、葡萄林堂、听秋居等建筑。西部楼阁组群，为款宴、眺望和消暑的场所，有双清室、桂花厅（可轩）、厨房和侍人室。北部厅堂组群，是游览、居住、读书、琴乐、绘画、吟诗的地方。临湖设游廊，题为博溪渔隐，另有可堂、问花小院、雏月池馆、绿绮楼、诗窝、钓鱼台、可亭等建筑。由四周建筑所围成的中心大院被划分为西南、东北两个景区。西南景区主要景物有岭南果木、曲池、湛明桥。东北景区平面较方整，有假山涵月、兰花台、滋树台、花之径等景点。环绕庭院布置有半边廊、碧环廊，将三大建筑组群紧密地连结在一起。

（二）园景

可轩，又名桂花厅，因地板、落地罩以桂花纹装饰得名。可园的建筑群体主要是以光滑的水磨青砖砌成，这既不同于北方园林建筑厚重的砖石结构，也不同于江南园林轻巧的廊柱结构，这主要是适应广东炎热多雨的气候。而可园最高的邀山阁则采用的是碉楼形式。

窗是建筑中十分重要的元素。它既采光、通风又防风、防雨。园林中的窗相对于建筑中其他的窗来说，其功能更加多样，类型更加丰富，位置更加灵活，空间更加层次化，审美更加艺术化。可园窗扇型制多样，有蚝壳窗、支摘窗、槛窗、什锦窗、彩色玻璃窗等。

可园玲珑通透，通透可以在其中随处可见。花式砖墙，是在墙体的漏空部位用砖瓦等砌成各种花样，或是将整个墙面都做成漏空的花样，还有的干脆先烧好花式砖，然后直接砌成花墙。可园的室内也有漏窗，比如某厅室内上方有万字纹漏窗。在墙上方开窗，由于热空气是向上走的，更有助于室内的通风。这些花格漏窗在可园里还运用在花基、栏杆等。栏杆除了用漏空花式砖，还有美人靠。可园的栏杆都是通透的，有助于室内外空气的流动。

可园庭园内水池为规则的几何形，这种几何形的水池也是岭南造园的一大特色。几何形的水池与建筑界面环境相协调，也容易表达出庭园或庭院的空间整体效果。园外有大面积的可湖，视野开阔，有托浮岸畔和水中景观的作用。园内于水边常常可见孤置或叠置的石块，力求自然，错落有致。水石相结合能够创造出宁静、朴素、简洁的空间。

四、实习作业

（1）试从山水骨架、环境空间、建筑小品、装饰风格、绿化配置等角度说明可园的设计区别于中国古典园林中北方、江南两地的园林风格的方面。

（2）试以分析图的形式分析庭院布局结构。

（曾洪立 编写）

【兰圃】

一、背景资料

位于广州市解放北路，与景色秀丽、风光明媚的越秀公园遥望相对。兰圃建于1951年，初期是一个小型植物标本园，1957年才改作专门培育兰花，以后经过不断扩大、修建，逐渐成为一个以兰花为主题的小型专类公园，总面积近4 hm²。公园以兰花培植为主，栽培有200多个品种、近万盆兰花。春兰、蕙兰、墨兰，花香浓郁；卡特兰、石斛兰、万代兰、文心兰，花色艳丽，姿态万千。虽地处闹市，却能闹中取静，整个公园处于绿丛隐蔽、兰香袭人的优雅环境中，颇具特色。

二、实习目的

（1）了解有着"岭南园林精品"称号的兰圃在空间布局、景观组织等方面的特点。

（2）学习利用建筑、植物组织空间的方式。

三、实习内容

（一）总体布局

兰圃位于广州闹市区，基地为长条形，分为东、西两区。东区是平地，为公园原有部分，以栽植兰花为主，兰花的数量和品种数以万计，其中有'大荷花素''大凤尾素'、卡特兰、石斛兰、'仙殿白墨''企剑白墨'等名贵稀有品种。东区兰圃共分四棚：第一、三棚以栽培地生兰为主，开花季节，百花竞放争奇斗艳，清香飘逸；第二、四棚主要是气生兰，花艳而少香。主要景点有惜荫轩、兰香满路亭、同馨厅、朱德诗碑、竹寨茅舍、兰色春光亭、千崖玉塔、小桥流水杜鹃山等。西区为山坡地，是改建的时候新增的景区，主要景点有芳华园、明镜阁和野屋，野屋为热带兰展厅。

公园采取自然式布局，分为多个景区，以植物和墙体巧妙地进行分隔，通过不同尺度空间的收放，使空间动静交替、开合有序，在一个狭小的场地上营造出韵味无穷、变化多样的园林景观，起到丰富景观层次、扩大园林空间的效果，使游人感觉不到场地的狭长感。园林游览路线围绕错落布置的建筑曲折而行，按一定景观序列布置景点。园中局部景色处理利用错觉和联想，通过形式各异的景门、景窗、通廊、花格、树丛等达到园林小中见大的效果。

（二）空间分析

由于兰圃场地是一个地形狭长的空间，为了使游人不致一览无余，设计上通

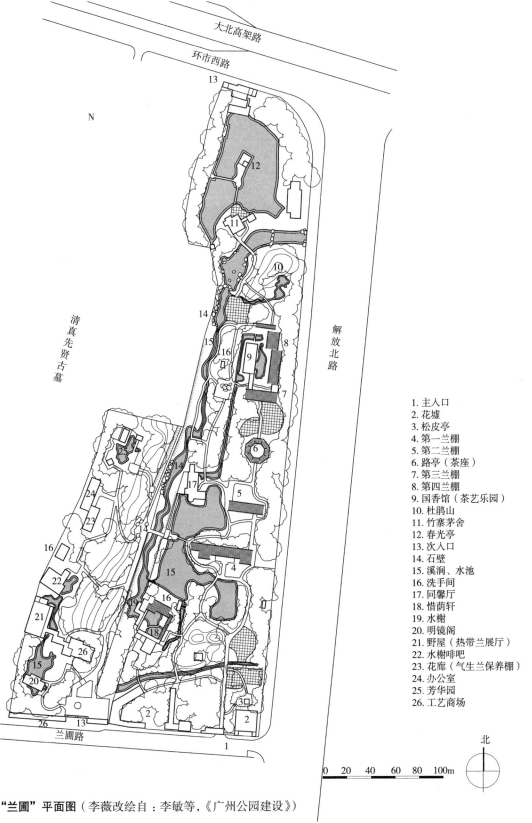

"兰圃"平面图（李薇改绘自：李敏等，《广州公园建设》）

大北高架路

环市西路

N

清真先贤古墓

解放北路

兰圃路

1. 主入口
2. 花墟
3. 松皮亭
4. 第一兰棚
5. 第二兰棚
6. 路亭（茶座）
7. 第三兰棚
8. 第四兰棚
9. 国香馆（茶艺乐园）
10. 杜鹃山
11. 竹寨茅舍
12. 春光亭
13. 次入口
14. 石壁
15. 溪涧、水池
16. 洗手间
17. 同馨厅
18. 惜荫轩
19. 水榭
20. 明镜阁
21. 野屋（热带兰展厅）
22. 水榭啡吧
23. 花廊（气生兰保养棚）
24. 办公室
25. 芳华园
26. 工艺商场

北

0 20 40 60 80 100m

过建筑和植物分隔空间，化直为曲，使单一的狭长空间变为多样的曲折空间，曲径回廊、花榭亭台、假山鱼池与树木花草错落相间，环境清幽，给人步移景异、如处仙境的感受。

东区分为4个景区，通过植物、建筑、水石等造景要素的组合形成"静、秀、趣、雅"的各区氛围，并产生"收—放—收—放"的空间对比效果。

第一景区从入口到月洞门，空间狭长封闭，以"静"为特点。两侧密闭植物将人们的视线引导到精致的景门，门匾题有"兰圃"二字，引发游人"寻幽探胜"的兴致。

第二景区从月洞门到路亭，是一个以水池为主的开敞空间，以"秀"为特点。穿过月洞门进入该景区，空间由狭长封闭突然转为开阔明快，给人豁然开朗的感觉。该区通过曲折的榭、廊、亭、桥与水石庭的组合，创造景色多变、空间构图自由的园林空间，池旁布置一号和二号兰棚。

第三景区从路亭到竹篱茅舍，以"趣"为特点。国香馆（茶艺馆）是该区的主体建筑，与三号兰棚相对而立，形成一个四面绿丛环绕、兰香袭人的园林空间。该区沿路布置以兰花为题材的题字、诗词石刻，表现兰花文化，创造了品茗闻香、吟诗赏花的趣意。兰棚之后的小桥流水杜鹃山景点，通过小桥流水、山石涌泉、杜鹃山坡，形成有静有动的空间变化，把兰花衬托得更加幽雅。

第四景区从竹篱茅舍后院到春光亭，集中的水面使空间极为开敞，主要展示兰花的名贵品种和以兰花为题材的字画，以"雅"为特点，是整个空间序列的结束。

西区建有芳华园，是中国参加慕尼黑国际园艺展的庭园样板。芳华园面积仅540 m^2，以占地少而景点多而闻名，被评为"最佳庭园"，荣获两项金奖。芳华园成为"园中园"，具有强烈的民族风格，既有江南园林素雅之韵味，又有北方园林堂皇之风采。西区的野屋（热带兰展厅）和花廊（气生兰保养棚）也是观赏兰花的地方。

（三）风景园林建筑小品

兰圃东西园区的建筑风格不太一致，东区建筑为岭南园林风格，其拱门、长廊、水榭、兰亭、茅舍、假山、溪池、瀑布，假以石道小桥连接，游人穿行茂林修竹，步移景异，小中见大，体现了岭南园林注重空间变化的艺术效果。而西区建筑则在岭南园林的基础上吸收了皇家园林的堂皇富丽，在变化中有统一，体现了古典美和现代美的结合。

（四）芳华园

芳华园面积540 m^2，是我国参加1983年慕尼黑国际园艺展览会的中国园（1982年10月建成，位于德国慕尼黑市）的复制品。

北

0 1 2 3 4 5m

广州园林

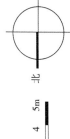

1. 喇叭化木亭画
2. 紫藤架
3. 景门
4. 三叠泉
5. 定舫
6. 牡丹台
7. 山亭

芳华园平面图 [李薇改绘自：刘绍宗，《中国园林设计优秀作品集锦》（海外篇）]

芳华园继承了我国传统的山水园林形式，构图布局既有江南园林幽静曲折的风格，又有岭南园林开朗明快的特点，灵活巧妙地运用了中国园林"因地制宜""小中见大"的传统造园手法，在有限的空间里，创造出深远有致的空间效果，达到了"园虽半亩纵横但颇具林壑之势"的艺术境界。

该园总体构思不落俗套，巧于因借，平面布局利用西北高、东南低的地势特点，西北山岗顶上设亭——"酌泉漱玉"亭，掩映于花丛中，可俯览全园景色；在低洼处挖池，小园以湖为中心，环湖设有定舫、平桥、贴水平台、景门、三叠泉和牡丹台等；主入口设在西南隅，前庭正面设照壁粉墙，墙中嵌以雕镂精致的砖刻漏花窗，墙右上方有"芳华园"的题名；门西侧的藤萝（Wisteria villosa）架引人入胜，游览路线绕水而行，将园内各景点贯穿起来。该园布局巧妙，运用了亭、榭、照壁、景墙、花木、景石小品和绿化等组织景观，在"敞"字上做文章，力求取得小中见大、咫尺天涯的艺术效果。

园林建筑以少而精著称，建筑内先用了潮州木雕花罩挂落、刻花玻璃景窗、屏门，园内还采用了石湾陶烧花格、铺地砖和青砖砖刻等民间工艺品，使花园富于岭南地方特色。

植物配置考虑了四季景观。为充分展现中国园林风采，所选用的植物主要有松、竹、梅、玉兰、山茶、罗汉松、石榴、紫薇、紫藤、牡丹等中国园林中常用的观赏植物。

芳华园是我国第一次参加大型国际园艺展的参展作品，该园精湛的造园技艺和完美的园林艺术形象在国际上引起了轰动，并获得了成功，同时荣获"德意志联邦共和国大金奖"和"全德造园家中央理事会金质奖"两项大奖。

（五）植物配置

兰圃以兰花为主，配置有松柏林、竹林带、杂木林带、树丛和孤植庇荫树、花灌木、藤本和草坪，并用棕榈科植物突出亚热带文化。兰圃的植物配置应用植物种类较多，在处理好种间关系的基础上，合理进行配置，建立了相对稳定的人工植物群落，注重利用植物创造空间，植物配置根据4个景区特点形成分区特色。并在植物配置上突出了"闹市寻幽"的理念，采用密林与回廊遮挡，隐藏公园界墙，与园外行道树互相交融在一起，达到扩大园林空间的效果。

第一景区由棕竹密植成路两侧的绿墙，构成了一条狭长笔直的小径，棕竹是较耐阴的植物，为使其生长良好，上层由南洋杉、猴子杉、柳杉（Cryptomeria fortunei）和垂柏等针叶树组成乔木层，沿路还栽植了各种乔木、灌木和草本植物，各色植物相得益彰、浑然一体。

第二景区地形起伏多变，有水面、草坪、小丘，并有以展览兰花为主的荫棚，是兰圃主要的展览区。设计上通过合理配置各种植物为兰花创造不同生境空间。此区除了水面和草坪较为开敞以外，其余地段均为多层次人工植

物群落。草坪上孤植点缀主景树，湖畔种植水塔花、文殊兰等。该区植物群落构成大致可分为4层，第一层为大乔木层，有小叶榕（*Ficus concinna*）、高山榕、橡胶榕、人面子、盆架子（*Alstonia scholaris*）、樟树、银桦、朴树、降香黄檀（*Dalbergia odorifera*）、石栗（*Aleurites moluccana*）、白千层、大叶桉（*Eucalyptus robusta*）、南洋楹、乌桕、木棉、凤凰木、枫香、白兰、假槟榔、金山葵（*Syagrus romanzoffiana*）、大王椰子、鱼尾葵、蒲葵等；第二层为小乔木层，有枫杨（*Pterocarya stenoptera*）、大叶山楝（*Aphanamixis grandifolia*）、五月茶（*Antidesma bunius*）、荔枝、大花五桠果（*Dillenia turbinata*）、蓝花楹、树波罗（*Artocarpus heterophyllus*）、杧果、阴香、蒲桃、竹柏、番石榴、水石榕（*Elaeocarpus hainanensis*）、红花紫荆、倒吊笔（*Wrightia pubescens*）、海芒果（*Cerbera manghas*）、鱼木（*Crateva formosensis*）、刺桐、黄皮（*Clausena lansium*）、鸡蛋花、窿缘桉、翅荚香槐（*Cladrastis platycarpa*）、枇杷、桂花、紫薇、龙柏等；第三层为灌木层，有黄花夹竹桃、九里香、山瑞香（*Pittosporum tobira*）、白蝉（*Gardenia jasminoides*）、黄素馨、金脉爵床（*Sanchezia speciosa*）、红背桂、夜合（*Magnolia coco*）、棕竹、剑叶铁树（*Cordyline stricta*）、灰莉（*Fagraea ceilanica*）、大红花、苏铁、散尾葵、金粟兰（*Chloranthus spicatus*）、美丽针葵等；第四层为草本层，有花叶荨麻、假金丝马尾（*Ophiopogon jaburan* var. *argenteo-vitnthes*）、阔叶麦冬（*Liriope platyphylla*）、沿阶草（*Ophiopogon bodinieri*）、南美蟛蜞菊（*Anemarrhena asphodeloides*）、文殊兰、水鬼蕉、艳山姜（*Alpinia zerumbet*）、大叶仙茅（*Curculigo capitulata*）、肾蕨、蜘蛛抱蛋（*Aspidistra elatior*）、'波士顿'蕨（*Nephralepis exaltata* 'Bastaniensis'）、半边旗（*Pteris semipinnata*）等。此外林内层间植物种类亦相当丰富，其中藤本植物有龟背竹、麒麟尾（*Epipremnum pinniatum*）、花叶绿萝（*Scindapsus aureus* var. *wilcoxii*）、三裂树藤（*Philodendron tripartitum*）、裂叶崖角藤（*Rhaphidophora decursiva*）、白粉藤（*Cissus repens*）、海南鹿角藤（*Chonemorpha splendens*）、绣毛鱼藤（*Derris ferruginea*）等；附生种类有贴生石韦（*Pyrrosia adnascens*）、白毛蛇（*Humata tyermanni*）、球兰（*Hoya carnosa*）、槲蕨（*Drynaria roosii*）、崖姜、巢蕨等。

第三景区植物配置结合小桥流水，植物疏密有致，红绿相间，在植物种类上强调棕榈类、竹子以及具有板状根的乔木和茎生花的藤本等具热带、亚热带特色的植物。沿园路前行，小桥流水后面是杜鹃山，除以杜鹃花为观赏主体外，还广植具有广东乡土特色的园景树种及色叶树，每当深秋之际，片片红叶点缀于万绿丛中，使人联想起"霜叶红于二月花"的意境。

第四景区布局上主要是孤植和丛植的手法，栽植观花、观果的灌木和姿态优美的乔木，组成富有特色的树丛。观花树木有杜鹃花、报春花、龙船花（*Ixora chinensis*）、刺桐、木棉、水石榕等；观果树木有红果仔（*Eugenia uniflora*）、海

桐、鲫鱼胆（*Maesa perlarius*）、土蜜树（*Bridelia tomentosa*）等；姿态优美的乔木有大王椰子、南洋楹、南洋杉、木棉等。

四、实习作业

（1）分析兰圃作为岭南特色的小型专类园的总体布局特点，阐述广州兰圃的造园艺术手法。

（2）分析第二景区水池与周边建筑的空间尺度关系。

（3）草测芳华园平面。

（郭春华　李　薇 编写）

【荔湾湖公园】

一、背景资料

荔湾湖公园位于广州市西关荔枝湾泮塘地区，东至龙津西路，南至西关口，西至黄沙大道，北接中山八路。原为珠江岸边河汊纵横、地势低洼的湿地，后开垦为农田果园。荔枝湾盛产荔枝，晋代已有记载，唐代建有"荔园"；在明代，由于水系不断拓展，蜿蜒的细川溪流变成河网纵横的水乡泽国，故"荔湾渔唱"列入羊城八景之一；清代以"海山仙馆"而扬名。公园于1958年由群众义务劳动开挖而成，面积约27 hm²，湖面约占2/3。1960年荔湾湖公园被正式命名，由前民盟主席、最高人民法院院长沈钧儒题写园名。公园以湖为主，1985年重种了约300株荔枝树，最能体现南国优雅柔美的乡土风情，是区属集游览、文体、娱乐、休息于一体的大型综合性公园，为居住于西关的"老广州"提供了休闲、运动和娱乐的场所。

二、实习目的

（1）了解荔湾湖公园建设中如何传承历史、突出地域特色。
（2）学习荔枝湾涌文化休闲区的景观组织特点。

三、实习内容

（一）总体布局

荔湾湖公园创建当年，主要发挥蓄水防洪的作用，解决西关地区低洼经常水浸的问题。由于其初始规划目的不是以游览观赏为主，故形成陆地面积较分散，开阔的场地较少，堤岸道路较长的场地形式，其植物配置也是结合湖堤走向。经过50年的建设，逐步形成具有一定规模的综合性公园。目前，园内绿草如茵，树木葱郁，亭台叠翠，曲桥卧波，湖光掩映，一派岭南水乡园林景致。

全园湖面超过六成，由五秀湖、玉翠湖、小翠湖、如意湖组成，陆地以桥、堤相连，岭南风格的园林建筑亭、桥、廊、厅、轩、阁，散落在碧波绿树丛中，好一派南国风光。

1. 五秀湖

五秀湖畔主体建筑为海山仙馆，由已故著名建筑大师莫伯治根据清代海山仙馆主楼"贮蕴楼"资料，结合岭南建筑元素设计而成。主楼为两层的展览大厅，两侧走廊连接两个水亭，作为《十三行史料陈列馆》展览十三行历史以及藏家梁基永、广彩大师谭广辉等借展的字画、象牙折扇、行商花翎、广彩瓶、碗、碟等

约 100 件藏品。海山仙馆设计融汇了中西建筑精华，更显新颖、别致，整座建筑与湖滨林木浑然一体，令人感觉耳目一新。五秀湖的菱洲岛补种荔枝，四周湖面种植 3000 m² 的荷花、睡莲。夏日，荷花竞放，重现"泮塘五秀"岭南水乡风光。

2. 玉翠湖

荔湾湖公园的主要活动场所是玉翠湖，湖边设有各种游乐、健身器械及设备。

南门内庭西临荔枝湾风情街，玉翠湖环抱内庭，面积 4800 m²。此区铺砌麻石地面、花岗岩广场，安装古色栏杆，满洲窗门，成为充满浓郁西关风情的景区。

3. 小翠湖

小翠湖在 4 个湖中面积最小，但风景最美。拾翠洲是小翠湖中一片四面环水的小岛，有西关世家茶园，游客可以一边品茗，一边欣赏名贵花卉、鸟、鱼、虫及名家字画和工艺珍品。整个景区树木葱郁、绿草如茵、亭台楼榭古色古香。小岛北岸有卵石滩和健康小径，铺砌透气的环保砖和旧枕木，营造成一片亚热带小丛林。

4. 如意湖

全部是绿化植物造景，种植荔枝树突出荔湾特色，并种木棉树、橡皮树、大王椰子等高大乔木，形成美丽的天际线。内有展现旧时唐荔园景色的餐馆。

（二）植物配置

道路采用小叶榕、南洋楹、大叶紫薇等作行道树，规则布置，道路近湖堤处采用自然式植物配置，乔木有美丽异木棉、红花羊蹄甲、小叶榕等，灌木有鸡蛋花、朱槿（*Hibiscus rosa-sinensis*）、桂花等，用鸢尾等作为地被。小农庄一带植物配置采用蒲桃、木棉、尾叶桉、桂花、黄金榕、栀子、金边万年麻（*Furcraea foetida*）、白蝴蝶组合，形成葱葱郁郁的亚热带景观。公园主要以乡土植物作为景观主调，乔木方面有小叶榕、大叶榕、高山榕、水翁（*Cleistocalyx operculatus*）、蒲桃、南洋楹、落羽杉、大叶紫薇、荔枝、鱼尾葵等；灌木方面有棕竹、桂花、灰莉、黄叶假连翘（*Duranta erecta* 'Golden Leaves'）、海桐、杜鹃花等；地被方面有三裂叶蟛蜞菊（*Wedelia trilobata*）、白蝴蝶、鸢尾、蜘蛛兰、银边马鞭草（*Verbena bonariensis*）等。公园现有植物品种约 280 种，其中乔木有 102 种，灌木 71 种，棕榈植物 17 种，地被 58 种，水生植物 8 种。

（三）荔枝湾涌文化休闲区

1. 总体布局

荔枝湾涌文化休闲区与荔湾湖公园相邻，河涌从逢源路起穿过龙津西路止于荔枝湾路，景观沿河涌两岸布置。河涌北面紧贴玉翠湖，建有荔枝湾风情

1. 北门
2. 五秀湖
3. 海山仙馆
4. 五秀桥
5. 如意湖
6. 荔湾涌
7. 玉翠湖
8. 泮溪酒家
9. 东门
10. 小翠湖
11. 拾翠洲
12. 西关世家
13. 仁威古庙
14. 龙津桥
15. 梁家祠
16. 文塔
17. 广州文津古玩城
18. 西关大屋
19. 陈廉伯公馆
20. 荔湾博物馆（陈廉仲公馆）
21. 四面佛
22. 蒋光鼐故居

北

"荔湾湖公园"及"荔枝湾涌"平面图（自绘）

街，中段与荔湾湖公园相连，有多处地方可进入公园内部，游人可随时进入公园游赏。河涌南面有多处历史古建。

荔枝湾涌两岸之间有拱桥连接，使游览路线更为灵活，形成了水上和陆上两条游览路线。水上路线从东入口广场瀑布水源的木栈道处出发，向西途经文塔广场亲水台阶、文津桥、六合砚池水池、风水基、德兴桥、至善桥、大观桥，向北转入荔枝湾公园内湖中，在公园食养坊处设有湖内停靠的游船码头。陆上游览路线主要沿河涌两边行走，从东入口广场由著名画家黄永玉先生题名的"荔枝湾"景石开始，河岸两侧有梁家祠、文津古玩城、文塔广场、六合砚池水池、风水

基、西关大屋、何香凝艺术学校、陈廉伯公馆、陈廉仲公馆（荔湾博物馆）、四面佛宝塔、蒋光鼐故居、西关民俗馆、公园南门、小红楼、小画舫斋、潮汐酒家等建筑。荔枝湾涌两岸的步道大多分为高差不同的两条，贴近水面的步道增强了人的亲水性，同时增加空间的层次感。河岸空间大部分比较狭窄，有两处较为宽敞：一个是河涌中部的戏台区域，戏台对岸在建筑的围合下形成观看表演的广场空间；另一个是龙津桥旁的文塔广场。沿河步道根据地形高低错落、蜿蜒曲折，并结合广场空间，形成开合有致的变化，极具岭南水乡特色。

"十里红云，八桥画舫"，为了恢复荔枝湾昔日的美景盛况，唤起人们对千年历史的回忆，在荔枝湾涌的整治建设中尽量复现旧日的文化景观元素，除了岸上的历史建筑，较引人瞩目的便是新建的几座古式景观桥梁。涌面上的五座桥梁全都是仿古风格，并参照了包括海山仙馆旧图片等历史资料进行设计，具体样式各不相同。五条桥的起名和顺序也非常讲究，龙津、德兴、大观、至善、永宁，形成一个序列。"龙津"是起首，以龙喻津，是对整条涌道的概括；"德兴"蕴含了道德兴盛的意义；道德兴盛然后蔚为"大观"；然后举世皆善，为"至善"；最后是永远的安泰宁和，即"永宁"。河涌两岸栏杆也颇有特色，造型多达13种，古典的、现代的，北方风格的、岭南特色的，东方神韵的、西方情调的，各显其趣，注重了与周边建筑风格的协调。

2. 建筑

梁家祠为三进深的大祠堂，规整、对称，天阶宽广，气派不凡，占地面积逾700 m²。祠内石刻记载始建于明代，内有荔枝湾历史变迁展览。

文塔又称文笔塔、文昌塔，坐南朝北，高13.6 m，底座为石脚，塔身为大青砖所砌，属明代中期至清代建筑，其整体风格与广州琶洲古塔和香港新界屏山聚星楼相似。文塔旁边有一棵参天细叶榕古树，树龄157年。

陈廉伯公馆是一座建于19世纪30年代的仿欧式5层独立式建筑，坐东朝西，占地面积约400 m²，主人陈廉伯曾任英国汇丰银行买办，后任广东省商团总团长。这里曾作为荔湾俱乐部，是洋务工人及工商界知名人士聚集活动场所。

陈廉仲公馆（荔湾博物馆）是民国初期英商汇丰银行买办陈廉仲先生的故居，建于1915年，总面积2300 m²。它是一座中西合璧风格的建筑，包括中式的庭院和西式的别墅两部分。西式的别墅有花岗岩打制的西式门楼，内进是3层高的欧式风格砖木结构楼房，有罗马、希腊的柱式装饰，其建筑造型轻巧，外屋简约无华。庭园面积逾1000 m²，有由峰峦、岩洞、亭台等组成的被誉为"岭南石山奇景代表作"的"风云际会"石山及"石上飞榕"奇景。1996年12月建为博物馆，是以收藏、陈列和研究荔湾历史、文化、民俗为主要内容的广东省首家区级博物馆。

龙津桥桥头有一座具有岭南风格的西关大屋，系重修建筑，落成的西关大屋

遵循"整旧如旧"的原则，从平面布局、立面处理、建筑设计和细部装饰等方面全方位恢复昔日古老大屋的建筑模式和风格，占地面积逾 150 m²，现为西关民俗博物馆，有"西关大屋建筑意境""西关民俗风情""婚嫁习俗""节令习俗"等展览。

小画舫斋建成于 1902 年，由新加坡华侨富商黄氏家族（黄景棠）所建，是一座具有岭南风格的环形园林式的西关大屋，四周都是精致幽雅的楼房，中间是一片露天的花园，整座建筑为白花岗石脚、水磨"东莞青砖"精砌墙壁，平滑洁亮具浓郁的岭南建筑韵味。

蒋光鼐故居建于民国初年，为 3 层砖木结构建筑，面积 766 m²，建筑风格兼具西关大屋及西式楼房的形式，是近代典型的岭南大宅民居。蒋光鼐故居前设置了环形的水池广场以及场前花池，为大众提供了一个活动空间，同时保持原有建筑的外貌不变。

仁威庙于 1983 年 8 月被定为"广州市文物保护单位"，经过维修焕然一新，使游人可欣赏到中华民族优秀的古建筑艺术。

3. 植物

荔枝湾涌旁园道以小叶榕为行道树，沿水两边的植物主要是荔枝、垂柳（*Salix babylonica*）、鸡蛋花、芭蕉、高山榕，岸边"三步一柳，五步一荔"，还有一些竹类植物，如紫竹、黄金间碧竹、文丝竹等，灌木以造型簕杜鹃为主，其形有蜡梅之风，或单植或群配。地被为时花以及本地的一些花期较长的植物和观叶植物，如龙船花、多彩竹芋、五星花等，色彩丰富的观叶观花植物使荔枝湾涌两旁景观明亮生动。在水边适当增加"泮塘五秀"（五秀指莲藕、荸荠、菱角、茨菇、茭笋）水生植物，它们和水中的置石相映成趣，波光倒影。近年在荔枝湾涌边增加了十多棵近百年的老荔枝树，使荔枝湾涌重现了昔日"一湾溪水绿，两岸荔枝红"的美丽景致。

四、实习作业

（1）试分析荔湾湖公园和荔枝湾涌文化休闲区的文化特色。

（2）速写公园园景 2 幅。

（郭春华 编写）

【广州梁园】

一、背景资料

广州佛山梁园是广东梁氏私家园林的总称，为清代四大"粤中名园"之一。是在清嘉庆、道光年间，由当时的内阁中书、岭南著名诗书画家梁蔼如及其侄梁九华、梁九章、梁九图等精心营造。经过不断的完善建造，至咸丰年间，梁园规模达到鼎盛。当时的梁园占地二百余亩，园中主要景观众多，包括了松桂里"十二石斋"、西贤里"寒香馆"、先锋古道"群星草堂"以及"汾江草庐"等园林群组。后因时局不稳，经年战乱，年久失修，建国初时已是园不成园，一片衰败，看不到半点鼎盛时期的景象。

1982年，考虑到梁园在园林以及建筑艺术方面的重大成就及影响，广东省佛山市政府开展了对梁园的整理修复工作，恢复了群星草堂、秋爽轩，面积为2200 m²。后至1993年开始重建刺史家庙、韵桥、石舫、荷香水榭、半边亭、部曹第、个轩等建筑以及湖池等部分园林景观，面积达13 300 m²。尽管梁园已经整修多年，但梁园5个主要园林建筑群中的另外4个——寒香馆、十二石斋、无怠懈斋和汾江草庐都尚未恢复。至2012年，梁园修复工程再次被提及，但目前仍处于规划设计阶段。

二、实习目的

（1）了解梁园的历史背景，学习研究梁园的营园手法，深入研究山水、叠石、建筑、植物四大庭园要素的特点。

（2）了解作为岭南四大名园之一的梁园在庭园布局、理水、建筑造型、装饰、植物配置等方面的园林设计特点。

（3）比较梁园与番禺余荫山房、顺德清晖园、东莞可园的异同点，尝试总结岭南庭园的整体特点。

三、实习内容

（一）总体布局

现存的梁园，仅余群星草堂和汾江草庐的一部分，据考据，整个梁园，无论是群星草堂，还是十二石斋、汾江草庐等，都将"石"作为园中的关键要素。如梁九图在描绘群星草堂时所言："余叔兄燈山，性好石，辟园地数亩，在沙洛中布太湖、灵璧、英德等石几满，高逾丈，阔逾仞，非数十人舁不动。或立或卧，或俯或仰，位置妥帖，极丘壑之胜。"张维屏曾在《十二石山斋记》中撰文道："今

清远十二石，因梁福草而传，福草游衡湘，归舟过清远得十二石，其色纯黄，巨者高三尺许，小者亦广二尺，其状有若峰峦者，有若陂塘者，有若溪涧瀑布者，有若峻坂峭壁者，有若岩壑磴道者。福草载石归，以七星岩石盘贮水蓄于斋前，言其所居曰十二石斋，而属余以记之。"而汾江草庐中也是"当水中央，怪石突出，循岸望，一转一变，殆若衡山九面者非欤？"园中石景众多，如群星草堂和十二石斋庭院的"石庭"，有石岩、石舫、湖中石组成的"水石庭"，寒香馆的"树石庭"等。由此可见，石是梁园无法忽略的造园要素。

其次，佛山旧为水乡，周边及街区内遍布溪流沟渠，因此梁园水景也是一大特色。汾江草庐内"缚柴作门，列柳成岸。两溪夹路，一水画堤。涧流潺潺……。沿涯遍植菡萏，参差错叠。……碧盖千茎，丹葩几色。月夜泛舟上下，足避暑焉""加以回浦烟媚，崎湾涨深，一地无尘，半天俱水。……伏流迸响，渺渺乎，浩浩乎，足以骋游怀祛烦累已"。时人陈璞访问汾江草庐后，作诗对其水景多所赞颂："几亩池塘几亩坡，一泓清澈即沧波。桥通曲径依林转，屋似鱼舟得水多。好友最宜交竹石，诗人例爱住烟萝，幽栖无计孔相忆。羡子齐头日献歌。绿荫深处映清流，蕉曲松根坐更幽。通德何妨居后院，士衡且喜住东头。名花伴读宜清夜，修竹比邻不隔秋。剥啄扣门无俗客，买舟何日我重游。"

除了石和水为重要特色造园元素之外，花草植物也是重要元素。文献中记载了昔日梁园中的植物繁茂景象："树石幽雅，遍植梅花，所刻法帖石藏馆中。"梁九图题寒香馆诗："冷逼梅魂夜气严，万花斗雪出重檐。高枝时与月窥阁，落瓣偶随风入帘。"（《佛山忠义乡志》）梁九章赠吕隐岚诗："与君同住梅花国，日写梅花数百枝。不及会稽童二树，三千三百十三诗"。（《梁氏支谱》）"韵桥以北，芭蕉数丛，几案皆石，陂塘自风。"

（二）园景特色

从现在仅存的群星草堂与汾江草庐来看，梁园具有两大造园特色。

1. 岭南风格，小巧精致

梁园的造园手法独具民俗风情，布局构思上匠心独运，不仅沿袭当地聚族而居的习俗，还通过对宅第、祠堂及园林建筑的有机组合，使之自成体系；空间组织错落有致，有放有收，聚散得宜。通过石庭、水庭、水石庭等多种组合和变化，营造岭南特有的庭园空间，从而形成动静结合、疏密有度的园林景观。

疏朗处空间开阔，层次分明，意境深远，如"汾江草庐"的湖池及松堤柳岸；而紧凑处密而得当，以小见大而无压抑感，如"群星草堂"庭园中的石庭，径曲三折，奇峰异石大有移步换景之效。

而轩堂馆舍、廊阁桥亭等各种园林建筑多式多样，在体量及风格上，讲究小巧精致、轻盈通透，建筑架构沿用岭南小木作的手法，简朴无华，其中各种雕刻装饰构件、窗棂隔扇则颇为讲究，不仅多姿多彩，而且精美纤巧，充分体现了佛

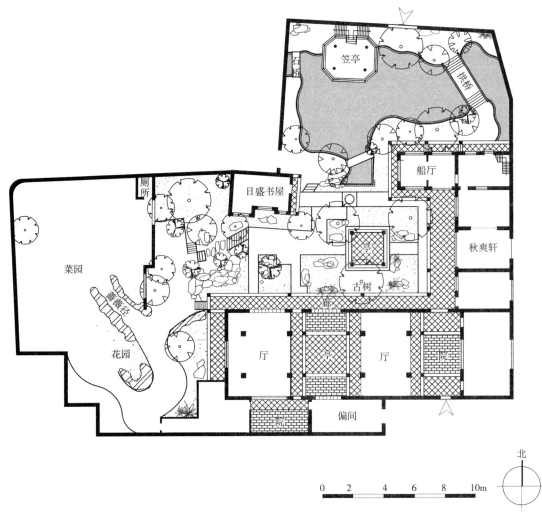

梁园群星草堂平面图（苗淑君摹自：1966 年华南工学院建筑系测绘的群星草堂平面图）

山民间手工艺的风格特色。加上地处四季如春的珠江三角洲，园内精心配置了各种果树和岭南特有的竹木和草本花卉。通过对树形的选择剪裁及灌丛的妙用，与建筑物及湖池相得益彰，形成一种"古木蕴秀""湘帘尽绿"的岭南特色。

2. 清新高雅，水石犹胜

梁园的造园组景别具一格，立意清新脱俗，以书画家的素养和独到的眼光，由造园者营造了一种超脱尘世的如诗如画的意境，用以作为"与词人雅集为觞咏地"。如"韵桥"及其四周意境的营造是以"风篁成韵""小栏花韵""窗前书韵""堂中琴韵"（陈勤胜《韵桥记》）等的诗情画意，引发人们对"韵"的暇思；又如"石舫"与"湖石""水蓊坞""石岩"及"笠亭"的组景，通过绘画构图般的提炼和层次组织，形成"浪接花津""层轩面水，小窗峭山"（梁世杰《汾江草庐记》）的意境，犹如一幅天然图画。对其高雅的艺术内涵，有"粤东三子"之称的岭南诗人黄培

芳曾给予"名园推最胜"的赞誉。

　　梁园所处地势平缓,池沼众多,造园者因地制宜,利用大面积的湖池溪涧营造"水木常清""涧流潺潺""回浦烟媚"的多种变化,形成"一水画堤""屋似渔舟得水多"(陈璞句)和"竹屋蕉窗围水石""径曲小桥多"(黄培芳句)等颇具水乡特色的园林景观。与此同时,梁园的始创人个个爱石如痴,视奇峰异石的设置与组合为造园必不可少的重要手段,通过"群星草堂"的石庭、"汾江草庐"南侧"石岩"的山庭,以及"石舫""湖中石"一带的水石庭等多种形式和变化,以求得到"极丘壑之胜"和更趋自然之势。既有写意式的峰峦山涧、岩壑磴道诸体,亦讲究房前屋后的石景配置,追求一石成形、独石成景的特殊效果,以致园内各种奇峰异石多达数百块,遂有"积石比书多"(李长荣句)的美誉。

四、实习作业

　　(1)从设计特色、造景要素等方面分析梁园的独特之处。

　　(2)分析梁园与其余三大岭南园林的异同。

　　(3)草测群星草堂2组庭园平面图。

(曾洪立　许先升 编写)

【流花湖公园】

一、背景资料

流花湖公园位于广州市中心，占地 54.43 hm²，其中水面占 2/3，绿化面积占陆地面积 88%。相传流花湖公园是晋代芝兰湖的旧址，1958 年市政府为疏导街道水患，组织市民义务劳动而建成人工湖，后辟为公园。

二、实习目的

（1）了解亚热带气候条件下城市公共园林的设计手法。

（2）通过研究流花湖公园不同园区的造园手法来学习不同文化元素下的岭南园林。

三、实习内容

（一）分区

流花湖公园是集游览、娱乐、休憩功能为一体的大型综合性公园，园中棕榈科植物、榕属植物、花灌木及开阔的草坪、湖面与轻巧通透的岭南建筑物相互配合，形成具有强烈的亚热带特色的自然风光。全园分游览休息区、娱乐活动区和花鸟盆景观赏展览区 3 个开放区域。

游览休息区以棕榈科植物为绿化主调，具有强烈的南亚热带特色。区内有反映傣族风情的勐苑、表现岭南乡村风韵的浮丘、秀丽的芙蓉洲、明艳开阔的芳草地、棕榈林立的葵堤等景点，与餐饮配套服务，构成集观赏、游览于一体的小憩场所。

娱乐活动区主要包括蒲林广场、宝象乐园、榕荫游乐场、农趣园及陶艺馆。蒲林广场由活动广场、休息廊及取自民间传说的"流花寄情"雕像 3 个部分组成，绿树环抱、芳草满地、空间开阔。宝象乐园和榕荫游乐场是环境优美、设备齐全的综合型游乐场。农趣园以展现农家生活乐趣和乡村风光为主题，除种有各种时令蔬果及农作物外，还有展览农具的农舍馆、观鱼廊、展室和陶艺馆。游人在体验农家生活乐趣的同时，也深切感受到回归自然的舒畅和愉悦。

花鸟盆景观赏展览区将赏景、观鸟和生态保护融为一体，这里有被誉为闹市中"小鸟天堂"的鹭鸟保护区、新建成的流花鸟苑以及以展览盆景、赏石为主的"岭南盆景之家"——西苑，西苑内有山石、附石盆景、地栽树桩等，造型奇特，妙趣横生，将大自然的瑰丽多姿浓缩在方寸之间，以小见大。1986 年英女王伊丽莎白二世在访华期间曾专程到此参观，并亲手种下了一棵象征中英两国友谊的

北

0 40 80 100 120 140m

流花湖公园平面图（改绘自：李敏等，《广州公园建设》）

1. 南门主入口
2. 停车场
3. 蒲林卡拉 OK
4. 管理用房
5. 花港观鱼
6. 亭桥
7. 观鸟艺苑
8. 流花鸟苑
9. 西苑入口
10. 流花西苑
11. 盆景精品廊
12. 科普·陶艺馆
13. 农趣园
14. 鹭岛
15. 观鱼廊
16. 观鱼台
17. 榕荫游乐园
18. 宝象乐园
19. 西象酒廊
20. 中老年舞厅
21. 春园
22. 浮丘
23. 公园管理处
24. 保龄球馆
25. 青少年活动区
26. 艇俱部
27. 直堤
28. 芙蓉洲
29. 西餐酒廊
30. 北门入口
31. 东北门入口
32. 动苑
33. 半岛酒家
34. 动苑入口
35. 健美乐园
36. 南片花景
37. 法兰克福花园
38. 洛羽松林
39. 蒲林广场

橡树。

（二）景点分析

1.勐苑

（1）概况

勐苑面积 $2.32 \times 10^4 \, m^2$。园内随风摇曳的棕榈林、婀娜婆娑的大榕树（*Ficus microcarpa*）、挺拔秀丽的南洋楹，烘托着傣族特色的锥形建筑；经过加工的红色板瓦，在阳光下显得格外醒目；穿着傣族、白族服装的服务员，在楼宇、林间来来往往，使游人仿佛置身于西双版纳。

（2）布局规划

勐苑的"傣白楼""茗红咖啡厅"和其他的亭廊是在保留原来风貌的基础上，运用现代建筑技术和建筑材料建成的。建筑的框架和墙体较多地运用了钢筋水泥，外墙用水泥塑成以假乱真的木纹板和大毛竹；傣族特有的板瓦、稻草屋顶、傣族村寨的竹篱也全都是用水泥塑成。这些建筑外型独特典雅，室内装饰考究，有的采用围蔽且较规整的空间，也有的采用开敞自由的空间。例如，"傣白楼"在设计时，首层为了体现傣族民居"竹楼"的特色，处理成开敞空间，中间庭院配上山石、花木和水景，使室内外形成较好的就餐环境；二层则全部采用围蔽式的手法。室内设计力求新颖而又富西南民族风情，如采用大量竹木材料和富有浓郁民族风情的壁画、木雕、书画来装饰厅堂，并配上地毡、空调，让人们在品尝滇菜的过程中，既能享受到现代化的氛围，又能领略到傣族民族风情。而"三月三风情""景洪咖啡厅""竹篁"亭廊作为休憩品茗处，则处理成开敞式空间，使建筑和园林相互渗透。

勐苑原址是一块较为狭长、平坦的地带，为了组织多层次、多变化的园林空间，在总体布局上利用绿化、建筑、景石、水体和地形组成"横堂序列"的态势，通过障景和借景的手法，达到"小中见大"的艺术效果，使游览线大大延长。建筑物在棕榈树、榕树、芭蕉、白兰、麻楝（*Chukrasia tabularis*）、杜鹃花、茶花、金凤花（*Caesalpinia pulcherrima*）、凤尾竹等典型的西双版纳风土树种的衬托下，或聚或散，或露或隐，各具特色，而又统一在以石山、飞瀑、喷泉、碧波、繁花、树丛绿茵和蓝天为背景的傣族风情的美丽图画之中。

2.流花公园半岛餐厅——白宫

（1）概况

"白宫"的前身——数红阁饭店始建于 20 世纪 50 年代，是一幢具有白粉墙、绿琉璃瓦的中国式建筑。数红阁饭店位于流花湖公园东南角的半岛上，北面临水，南面是一片宽阔的大草坪，绿树成荫，环境静谧而优美。建筑物因年久失修，基础开始不均匀下沉，造成梁板出现裂缝，下雨时房屋渗漏。1982 年曾经对建筑做了局部的修建，保留了主体建筑，拆除并重建了东面附属部分（小厅

广州园林

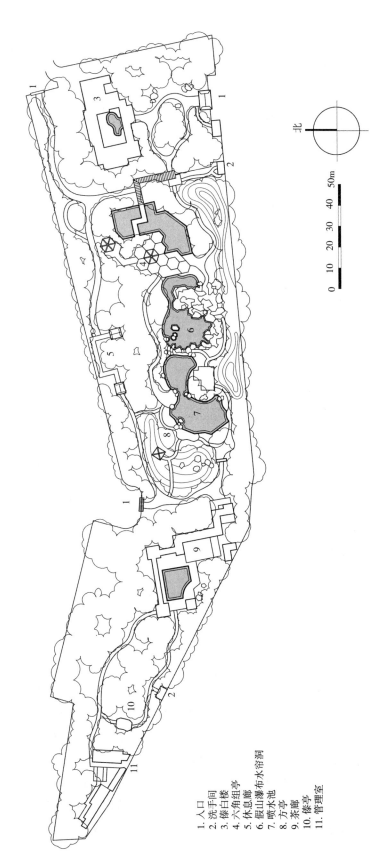

北

0 10 20 30 40 50m

1. 入口
2. 洗手间
3. 慕白楼
4. 六角组亭
5. 休息组廊
6. 假山瀑布水帘洞
7. 喷水池
8. 方亭
9. 茶廊
10. 慕亭
11. 管理室

勐苑平面图（来源不详）

堂），重新处理基础（新旧建筑截然分离）。随着时间的流逝，数红阁饭店主体建筑已成危房。因此，在1992年，决定全面改建数红阁饭店。

（2）设计构思

设计师以意大利威尼斯圣马可广场为设计蓝本，建造了一座富有欧陆风格的古典建筑。在设计实施过程中，拆除了原饭店的主体建筑，保留了1982年的修建部分。新的主体建筑张开两翼，43 m高的塔楼耸起，几个不同功能的穹隆点缀其间，既充满了西方古典建筑的韵味，又充分体现了活泼、轻盈、明亮、通透的岭南风格。由于建筑物通体呈白色，人们亲切地称其为"白宫"。

3. 浮丘

（1）概述

浮丘是流花湖公园独具特色的景区之一，位于公园三湖西侧，是一座四面环水、风景优美的小岛，地形平坦狭长，总面积5500 m²。小岛上亭廊溪涧俱备，可供游人休憩游览，各种南方植物枝繁叶茂，与周围的景色相协调，形成了亚热带风情浓郁的自然风光景区。

（2）设计指导思想与构思

流花湖公园是以热带自然风景取胜的公园。配合突出湖光景色以及热带亚热带植物景观为主的规划主题，本处景观设计构思主要为两点：①突出表达热带植物景观，强调棕榈植物以及热带雨林生态结构的优美的自然风景构图，与整体景观相互协调；②因地制宜，根据地形与自然条件来营造不同的优美的亚热带园林景观空间。

（3）绿化配置

浮丘的绿化配置以4个层次为主：①入口以艳山姜、杜鹃、海芋等花木掩映门旁，草坪以棕榈植物群为主，丰富的门景，开阔的草坪景色，起到了整个景区的序曲与引导的作用。②荫棚占地300 m²，是曲尺形棚架式建筑。以棕榈植物包围成封闭性独立小空间，棚内小道两旁的置石配以崖姜、花叶万年青、龟背竹等阴生观叶植物，游人从入口开阔的草坪景观至此，一抑一扬的空间对比，层次丰富，使园景更具有吸引力。③由水石花木组成的小溪涧呈现出岭南的乡间景色，溪涧四周山石嵯峨，花木繁茂。溪涧一端有一松皮小圆亭，并架有一座乡村形式小木桥。上游配以棕榈植物以遮挡视线，扩大了空间层次，溪涧卵石遍布，花草散生，野趣盎然，处处成景。溪涧不远处的休息室隐藏于荔枝树丛之中，清幽雅静。室内的露天小院，由一株古荔枝、一泓碧水、层叠的石壁构成了"蟹泉"小景，与室外的景色相互呼应，更显热带风情。④花架长廊回环曲折，四周植以四时花木，与长廊掩映形成景门、博古架、景窗，对景成趣。廊旁种一些米兰（*Aglaia odorata*）、九里香、山瑞香、鱼尾葵、紫薇来增加竖向变化，分割两侧的空间。绣春亭侧植桂花、散尾葵，与入口草坪的棕榈群取得呼应。

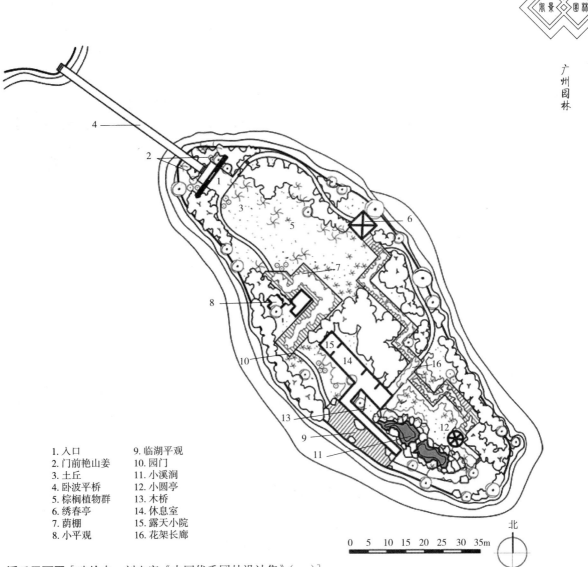

1. 入口　　　9. 临湖平观
2. 门前艳山姜　10. 园门
3. 土丘　　　11. 小溪涧
4. 卧波平桥　12. 小圆亭
5. 棕榈植物群　13. 木桥
6. 绣春亭　　14. 休息室
7. 荫棚　　　15. 露天小院
8. 小平观　　16. 花架长廊

北

0　5　10 15 20 25 30 35m

浮丘平面图［改绘自：刘少宗《中国优秀园林设计集》（一）］

4. 西苑盆景园

　　西苑盆景园建于1964年，园内设有盆趣馆、品石轩、盆景精品廊等展馆，以及碧波榭、茶艺馆、浓荫盆景廊等园林建筑小品，该园运用传统的园林布局手法，分为若干个景区。大门位于盆景园南部，内外入口广场均设有英石假山、石壁等，运用欲扬先抑的造园手法，游人经假山石洞入园，而后豁然开朗；大门西侧为盆景展区，以展出岭南各流派树桩盆景和奇花异石为主，盆趣馆、品石轩和墨香斋等展厅馆由曲廊相连。盆景园北部为一狭长地段，由西至东，浓荫盆景廊、茶艺馆、盆景精品园、陶艺馆几处小庭园置于花园大环境中，室内外建筑、园林相互穿插，融为一体，环境优美宜人，深受游客喜爱。

　　西苑盆景园内的园林建筑多处采用了砖刻、木雕和刻花玻璃等传统工艺，具

1. 入口
2. 西苑四室
3. 墨香斋
4. 壶香榭
5. 品石轩
6. 休息亭
7. 荫盆景园
8. 茶艺馆
9. 盆景精品园
10. 泅波榭
11. 观鸟半台
12. 盆景保养区
13. 盆景展览馆

北

0   20   40   60   80m

西苑盆景园平面图

有浓郁的岭南特色。园林的布局层次分明，空间序列富于变化，是具有较高艺术价值的园林佳作。

四、实习作业

（1）草测勐苑内建筑并调查其建筑材料。

（2）自选景区中的建筑、小品等完成速写 2 幅。

（曾洪立　李　薇 编写）

【泮溪酒家】

一、背景资料

位于广州西关龙津西路荔湾湖畔，为解放后建筑起来的庭园酒家，是一种公共服务业的建筑，占地面积约 12 000 m²，建筑面积约 2700 m²。

泮溪酒家于 1947 年由粤人李文伦、李声铿父子创办。酒家的取名饶有意思，因地处泮塘，且附近有 5 条小溪，其中一条叫"泮溪"，酒家因此得名。1959 年由著名园林建筑设计师莫伯治亲自设计并主持大规模的改建工程，改建为大型园林酒家。

二、实习目的

（1）了解广州酒家园林代表作——泮溪酒家在布局、结构、造型、空间等方面的特点。

（2）学习为构成景物空间而进行的公共服务型建筑的设计方式，了解这种方式与传统公共服务型建筑设计方式之间的异同点。

（3）掌握以经营和生产为主要内容的酒家园林的设计方法，建议采用比较式的学习方法，对以泮溪酒家为代表的广州酒家园林和岭南传统庭园之间的异同点进行分析比较。

三、实习内容

（一）总体布局

建筑基地南北狭长，采取内院分割式布局。全园分为厨房、厅堂、山池、别院 4 个主要部分。各部分之间以游廊联系，并通过廊桥与荔湾湖内外渗透，将湖景引入院中。建筑于淡雅朴素中追求精美。顾客流线与输送流线分开，使交通的干扰和交叉减至最小程度，厨房位置较隐蔽，不妨碍园内景观，接近河流以利于污水排泄和方便运输。

（二）园景

全园由两组串联式的庭园组合而成，有 3 个平庭和一个水石庭。平庭、水庭、游廊、曲桥、壁山、码头，以至湖中绿岛，步移景异，令人目不暇接。客人们于进餐前后流连漫步中体味岭南建筑、庭园艺术与岭南餐饮文化的美妙结合。

1.平庭小院

从东面进入门厅至对朝厅（宴客大厅），中间为一小院，小院为平庭式布局。小院内植石笋棕竹，种绿茵桂花，略有水石点缀，如元人小品，别有风致。小院

内有阶梯可上至门厅屋顶平台，供登临远眺。

2. 水石庭

平庭西为水石庭，两庭之间以桥廊分隔空间，层次丰富，意境深远。循水榭前廊西走，出桥廊至水石庭，是全园景致的中心。全庭为山池布局，颇具自然佳趣。桥廊两旁，因地势高低不同，开池架山，扩大空间，互相呼应，起落盘旋，耐人寻踏。庭中有岭南庭园特有的壁山，负楼构筑，临池耸峙，长约30余米，高6～10 m不等。石山结合山馆建筑，从桥廊拾级登攀，经爬山廊至山馆楼上，楼为曲尺形，西面可俯瞰荔湾湖，凭栏远眺，烟水空灵，一望无际，是最好的借景处所。楼东南临内院山池。楼内装修精巧，其中，窗心格扇的套色花玻璃、斗心、钉凸、木刻花罩等尤为精美。

3. 内庭别院

别院是内庭式布局，回廊曲院，层次深远，曲折深邃。经水榭东侧暗廊北行，穿过小院长廊，便是由楼厅、船厅、半亭、曲廊等组成的别院部分。别院有侧门通向荔湾湖滨，湖滨沿水设埠头，供游艇停靠，并有小型停车场，可容纳的小汽车10辆。

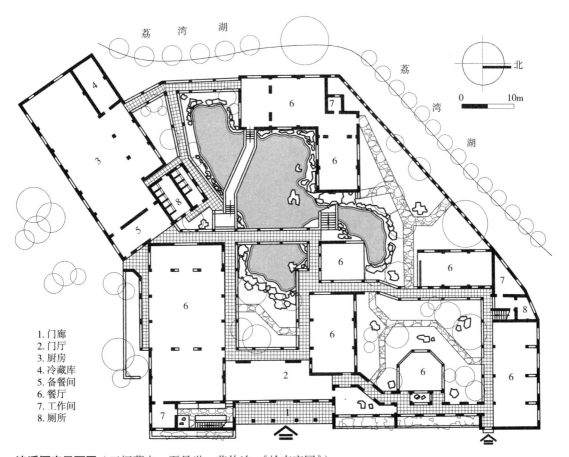

1. 门廊
2. 门厅
3. 厨房
4. 冷藏库
5. 备餐间
6. 餐厅
7. 工作间
8. 厕所

泮溪酒家平面图（王恒摹自：夏昌世、莫伯治，《岭南庭园》）

（三）风景园林建筑小品

整个建筑群的组织、构图，凭借着宽敞的用地和临湖的有利条件，得以尽情发挥。在建筑设计上，满足使用功能，也考虑到作为景物空间构成的一部分。在建筑功能上，主要分营业和生产两部分，附带一些管理办公。客座分为厅堂、散座、房座和接待贵宾专用的厅房等。

酒家有正门和侧门两个入口，穿过五开间的正门门廊，进入宽阔的门厅。入门对着8幅精美的屏门，格心是雕刻书法套红色花玻璃，镶楠木海棠透花边。裙板是楠木博古浮雕，配以套红玻璃天花灯组，使整个门厅洋溢着繁荣和喜悦的气氛。透过门厅左侧镂空的花窗，可以看到六开间的宴会大堂，厅堂周围用纹样丰富的斗心格扇和色彩雅丽的套花玻璃窗心组成。厅堂内部西端梢间以木刻钉凸、洋藤贴金花罩作空间分隔，东部梢间则隔以双层海棠透花镶套色花玻璃贴金大花罩，配以简化的富于地方色调的藻井天花，使宴会大厅色调富丽堂皇而不落俗套。大堂东端有斗心到脚花罩，透过花罩门洞，可以看到小院景致。大堂的北面，通过小院，是一列三间的对朝花厅，厅内装修主要是木刻花罩和漏窗，配上淡绿色的通花天花，古雅中有活泼的气息。花厅的西面是水榭，全部用瓦当纹白色玻璃窗，有窗明几净的感觉。几幢建筑以游廊联系，组成一组属于厅堂性质的院落，占整个酒家人流和输送量的60%以上，位置接近大门和厨房，交通线短。

四、实习作业

（1）试从环境空间、山水骨架、平面布局、交通组织、建筑设计等角度说明广州酒家园林的设计和传统庭园的区别。

（2）草测泮溪酒家庭园平面图。

（3）图示分析水石庭的璧山特点。

（曾洪立 编写）

【清晖园】

一、背景资料

位于顺德大良镇华盖里，地处市中心，全园面积约 3333 m²。故址原为明末状元黄士俊所建的黄氏花园，现存建筑主要建于清嘉庆年间。园取名为"清晖"，意为和煦普照之日光，喻父母之恩德。

清晖园历经后代几经修葺与扩建，加入了不同时期的园林元素，同时又借鉴了江南私家庭院的造景手法，逐渐形成了集明清文化、岭南古园林建筑、江南园林艺术、珠三角水乡特色的于一体岭南园林。出于保护的需要，在 1959 年，政府把原有清晖园左邻的楚香园（龙廷槐的侄孙龙笙陔住宅），右邻的广大园（龙元禧住宅）以及附近的介眉堂（龙宅）、竞勤堂（杨宅）、黄家祠等合并在一起，并通过景墙、建筑等进行分隔与联系，使整个园林面积达 11 亩之多。如今的清晖园位于闹市之中，是难得的探幽寻迹之所。

二、实习目的

（1）了解岭南园林的代表作——清晖园在布局、造型、空间、色彩等方面的特点。

（2）掌握岭南庭园的地域性特征和其特殊的空间性质。建议采用比较式的学习方法，通过比较分析岭南庭园和江南园林的异同，从而得出结论。

三、实习内容

（一）总体布局

为适应南方炎热气候，清晖园形成了前疏后密、前低后高的多庭综合式布局，但疏而不空，密而不塞，建筑造型轻巧灵活，开敞通透。园内的空间组合是通过各种小空间来衬托突出庭院中的水庭大空间，造园重点围绕着水庭做文章，这样既使园林中的主次空间清晰分明，也使清晖园的水庭造园艺术在各岭南庭园中独树一帜，富有个性。

（二）园景

整个园从布局上分成三部分。南部筑以方池，满铺水面，亭榭边设，明朗空旷，是园中主要的水景观赏区；中部由船厅、惜阴书房、花亭、真砚斋等建筑组成，南临池水，敞厅疏栏，树荫径畅，为全园的重点所在；北部由竹苑、归寄庐、笔生花馆等建筑小院组成，楼屋鳞次，巷道幽深，是园中的宅院景区。各景

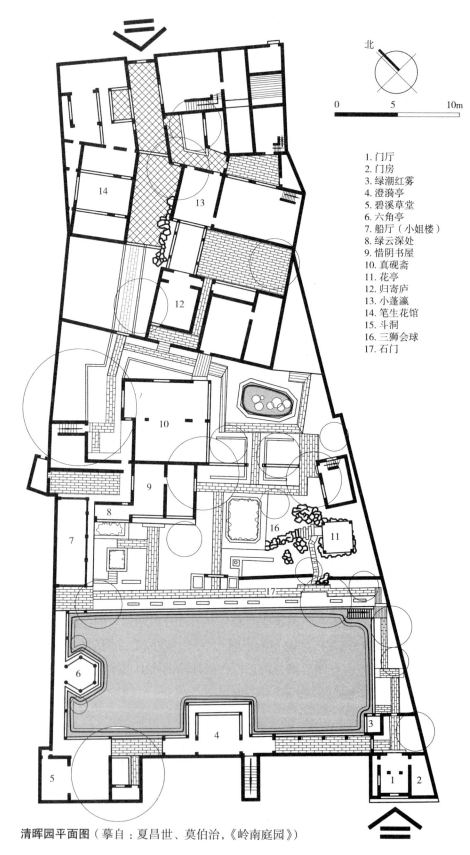

北

0   5   10m

1. 门厅
2. 门房
3. 绿潮红雾
4. 澄漪亭
5. 碧溪草堂
6. 六角亭
7. 船厅（小姐楼）
8. 绿云深处
9. 惜阴书屋
10. 真砚斋
11. 花亭
12. 归寄庐
13. 小蓬瀛
14. 笔生花馆
15. 斗洞
16. 三狮会球
17. 石门

清晖园平面图（摹自：夏昌世、莫伯治，《岭南庭园》）

区通过池水、院落、花墙、道廊、楼厅形成各自相对独立，又互相渗透的园区景色，使清晖园内"园中有园""诗中有诗"。

1. 水景观赏区

园的西部为水庭，是全园的主要景物空间，池为方形，沿池绕以矮栏，周围分布着不同类型的建筑，如有低近水面而架空的澄漪亭，临水而隐藏的碧溪草堂，近水的船厅，隔以前庭的惜阴书屋和高出池面的花亭等。形形式式，前后高低，构成一组以水塘为中心，参差错落、起伏呼应的建筑群。奇亭巧榭，池馆楼台，加以花木掩映，枝影扶疏，在舒徐闲雅中有雍容华丽的感觉。

2. 中部庭院区

园的中部有厅堂、书斋、船厅和小楼，是全园建筑的主体所在。船厅与书屋之间隔一小池，上跨虚廊"绿云深处"，它的功能特别，是廊、是亭又是桥，小坐其中，凉风习习，当地人称这里为"过水磨"。书屋之旁北侧有小楼，设飞道沿墙曲折经"绿云深处"廊顶而至船厅二楼，体形特别，奇巧多趣。这一组建筑群的西南两面，基本为曲尺地形，由矮栏和漏花墙划分为3个平庭，设一些花台、金鱼池等。平庭西南垒小冈，基石的叠砌浑厚，遍植桂花，上筑四角亭花亭，登临可俯瞰西面池塘布局。

3. 北部宅院区

园的北部通过院落、小巷、天井、廊子、敞厅来组织空间，是园主人生活起居的地方。主要建筑归寄庐有两个厅堂，中间以连廊相接，连廊两侧为石山和翠竹，是个清凉、幽深、宁静的庭园。另一建筑笔生花馆，内分一厅两房。此处无论厅中小憩，还是花径漫步，只见壁山起伏，翠竹掩映，小院深邃，鸟语花香。虽疏淡清雅，倒也别有一番风趣。

4. 入口

园有东、西两处入口，分为东、西、中3个部分。清晖园隔一条小巷正对主宅，由正屋从西门或跨过天桥入口。首先通过天桥直接连系水庭，便于内眷的往来和玩赏。其次经由西门绿潮红雾小院，对着花亭，进入中部庭院，为主要宴会宾客之所在。最后，园的东部距离主屋较远，设有独立的出入口，宜于退居静养。从东面入园，经门廊和一座属于平庭式布局的过路庭，左为归寄庐厅房内院，右为笔生花馆。馆前路庭，以归寄庐靠山作照墙，塑叠壁型斗洞石景，使过路庭和归寄庐的内院分隔开来，既为障景的处理，又隐约相通，手法正妙。

（三）风景园林建筑小品

澄漪亭是突入水面的点景建筑，其窗户用贝壳制成的薄片镶嵌而成，室内明亮通透又古朴幽雅。亭的两侧建有连廊，以木质通花为饰，依廊而行，可尽揽池中水色。六角亭也是水池的点景建筑，其进水3面设有"美人靠"，凭栏而坐

可观赏亭外景色。亭子两旁水中立有苍劲挺拔的水松，远处林木花卉争妍，一片郁郁葱葱。碧溪草堂的正面是以木雕镂空成一丛绿竹为景的圆光罩。圆门两侧为玻璃格扇，格扇池板上各刻有 48 个"寿"字。花亭为赏园休息之处，轻巧古雅，梁柱用精致木刻通花"撑角"相接，结构与装饰融为一体，给人以明快通畅之感。惜阴书屋和真砚斋是一组相连的园林小筑，是园主人读书治学之处，建筑较为朴素。真砚斋的榄窗雕有八仙工具图，格扇上刻有"百寿字"。归寄庐有两个厅堂，中间以连廊相接。前厅为两层楼房，正面是称为"百寿桃"的大型木雕。相邻的旁厅内用刻有梅、竹、荷等图案的镶嵌玻璃门板作间隔。笔生花馆内分一厅两房，厅房之间用镶嵌着的印花玻璃门相隔。房门额上各有一幅梅花图。厅堂梁柱间做有大型通花挂落装饰。

（四）假山叠石小品

石门假山由英石叠砌而成，以大自然中的山洞为蓝本，按山石的纹理岩脉规律叠砌，造型如同落地罩，因而也称石屏。它布置在前庭与中庭交界处，分隔两庭，既避免了庭院空间一览无余，又起到意境点题的作用。石门左侧，有一方池倒映着水榭。石门右侧，狮山、花亭举目可望。石门前方，笔直小径引人入园，透过石门，可以隐约看到中庭的主体建筑船厅。

斗洞假山有山峦起伏的群峰，有姿态峥嵘的岩壁，有清澈透明的湖底，有洞旁栽植的翠竹，还有飞跃石拱而成的斗洞的岩峒，造型挺秀，是一座人工塑造的自然山石屏障。它布置在后庭直径狭长的通道上，左侧有笔生花馆，右侧靠着归寄庐走廊一旁。斗洞的设置，既使人觉得脚下的小径直而不呆，小而不窄，打破了周围环境的单调感，又使两座原来贴的很近的建筑物拉开了距离，扩大了视野。

狮山假山由英石叠砌而成，叠石利用群峰呼应，3 个狮头各向一方，其中大狮雄踞主峰，挺胸昂首，气势非凡，两只小狮作次峰，前扑后爬，活泼可爱，故称"三狮会球"。石景基座处大，然后逐渐缩小，最后以大狮之头为峰顶而收敛。狮山布置在半山坡上，周围种植名花奇树，绿叶遮天，有如狮群活跃于山野之中。

（五）植物配置

园内遍植各种岭南奇花异木，形成"绿海"，种类近百，其中不少是珍贵和奇特的树木品种。惜阴书屋侧有一株玉堂春，又名木兰，每年冬季落叶，来春开花，晶莹洁白，清香可爱。船厅后面有一棵树龄过百的白木棉，盘根错节，高十余米，六七人才能合抱，每到春暖花开时节，鲜花怒放，十分壮观。

四、实习作业

（1）清晖园是岭南园林的代表作，试从平面布局、空间序列、视线组织、建筑形制、材料应用和艺术装饰等几个方面来分析并总结出岭南庭园的地域性特征和其特殊的空间性质。

（2）草测清晖园，分析其空间尺度关系。

（曾洪立　许先升 编写）

【余荫山房】

一、背景资料

余荫山房，又称余荫园。坐落在广州市番禺区南村镇东南角北大街，以小巧玲珑、布局精细的艺术特色著称。始建于清同治年间（1867—1871），历时5年建成。园主人邬彬，清同治六年考中举人，其两个儿子也先后中举，故在乡中大治居室，在家族宗祠旁营建了余荫山房。取名"余荫"，意为承祖宗之余荫，方有今日及子孙后世的荣耀。山房落成之日，邬彬自题了一副园联，联首嵌入"余荫"二字："余地三弓红雨足，荫天一角绿云深"，成为此园点题之句。

1922年园主人的第四代孙邬仲瑜在南面建一住宅式庭院，名瑜园，俗称小姐楼，为两层的船厅，其布局更加巧妙，建筑更加紧凑。现已归属余荫山房。两园并在一起，起到了辅弼的作用。

二、实习目的

（1）了解作为"岭南四大名园"之一的余荫山房在庭园布局、建筑造型、装饰、色彩等方面的特点。

（2）学习余荫山房的营园手法，深入研究其庭园布局手法及理水、叠石、建筑、植物四大庭园设计要素，并赏析岭南庭园独特的装饰特色。

（3）建议采用比较式的学习方法，比较番禺余荫山房与顺德清晖园、佛山梁园和东莞可园的异同点，从而感受岭南庭园的整体特点。

三、实习内容

（一）总体布局

余荫山房占地面积1598 m^2，坐北朝南，总体布局很有特色：以水为重点，两个规整形状——方形、八边形的水池并列组成水庭，以"浣红跨绿"廊桥为界，将余荫山房分成东西两个部分，形成独具特色的水庭布局与小巧的山水环境。西半部以长方形荷池为中心，池北深柳堂与池南的临池别馆遥相呼应，形成西半部的南北中轴线。水池的东面为一带游廊，当中跨拱形亭桥"浣红跨绿"一座。亭桥以东为东半部，中央八方形水池正中建置八方形建筑"玲珑水榭"。"浣红跨绿"与"玲珑水榭"相对应，构成东半部庭园的东西向中轴线。

园林的南部为相对独立的一区"瑜园"，这是园主人日常起居、读书的地方。瑜园为一系列小庭院的复合体，以一座船厅为中心，厅左右的小天井内散置花木水池，成小巧精致的水局。

（二）园景

园门设在西南角，入门经过一个小天井，左面植蜡梅一株，右面穿过月洞门以一幅壁塑作为对景。折而北为二门，门上对联点出"余荫"之意。进入二门，便是园林的西半部。

西半部以方形水池为中心，池北的正厅"深柳堂"面阔三间，是园中主体建筑，是装饰艺术与文物精华所在。建筑体量为三开间，进深两间。明间与次间中有格扇和门罩分隔，将其划分成会客交友和看书休息等作用不同的空间。堂前的月台左右各植炮仗花（*Pyrostegia venusta*）一株，古藤缠绕，花开时宛如红雨一片。深柳堂隔水与池南的"临池别馆"相对应，构成西半部庭院的南北中轴线。水池的东面为一带游廊，当中跨拱形亭桥一座。前后分别题额"浣红""跨绿"，故称浣红跨绿桥。这座拱桥是桥、廊、亭"三合一"的杰作，表现了设计者的独到构思和造园者的高超技艺，为岭南园林的经典。当莲池的水正好涨到使桥洞为半圆形时，桥洞和水里的倒影正好成为一个圆形，这一美景称为"虹桥印月"。此桥与园林东半部的主体建筑"玲珑水榭"相对应，一桥一榭构成东西向的中轴线。

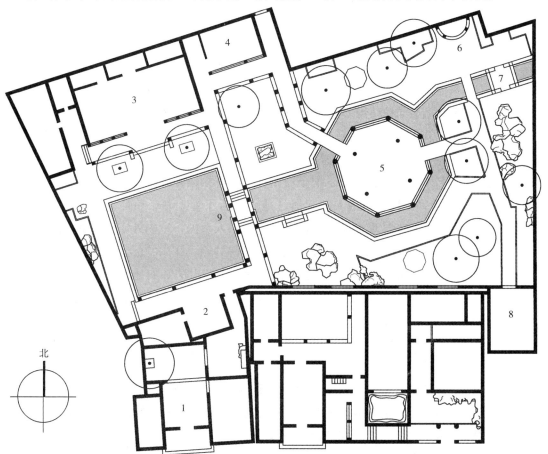

北

1.门厅　2.临池别馆　3.深柳堂　4.榄核厅　5.玲珑水榭　6.来薰亭　7.孔雀亭　8.花匠房　9.廊桥

余荫山房平面图（摹自：夏昌世、莫伯治，《岭南庭园》）

东半部面积较大，中央开凿八方形水池，有水渠穿过亭桥，与西半部的方形水池沟通。八方形水池的正中建置八方形的“玲珑水榭”，八面开敞，可以环眺八方之景。周边有“丹桂迎旭日，杨柳楼台青。蜡梅花开盛，石林咫尺形。虹桥清晖映，卧瓢听琴扬。果坛兰幽径，孔雀尽开屏”的八面风致。沿着园的南墙和东墙堆叠小型的英石假山，周围种植竹丛，犹如雅致的竹石画卷。园东北角跨水渠建方形小亭“孔雀亭”，贴墙建半亭“来薰亭”。水榭的西北面有平桥连接于游廊，迂曲蜿蜒通达西半部。

（三）装饰风格

余荫山房的某些园林小品，如像栏杆、雕饰以及建筑装修，明显地运用西洋的做法。园林建筑内外敞透，雕饰丰富，尤以木雕、砖雕、灰雕最为精致。主要厅堂的露明梁架上均饰以通花木雕，如百兽图、百子图、百鸟朝凤等题材。游廊拱桥分隔出庭园的东、西两部分，建筑布局主次分明，形制多样，游廊、亭桥等特色园林建筑使庭园内的建筑与山水相协调，形成具有浓郁地方特色的庭园景观。

从装饰上看，余荫山房最有特色的是艳丽的泥塑，无论门头、窗楣、屋脊、墙壁、花坛、山墙，都用了泥塑，而且色彩搭配上喜欢用红、黄、绿三色，在青砖墙的基调里特别显眼。在深柳堂侧的一个小巷中也有岭南山水图泥塑，尽管这条小巷宽不到 1 m，连走路都困难，更不用说站在正面来欣赏它，但还是把它当成中堂来处理，有泥塑对联和额题，如果不细心，谁也不会在意它的存在。屋顶的几何形泥雕脊饰和花坛四周的泥塑都令人惊叹不已。另外，木雕、扇画、玻璃窗花都是一流的。深柳堂是全园装饰最豪华的地方。堂中木刻精品“松鼠菩提”是双面木雕，堂前镶嵌满洲窗格墙壁，古色古香，32 幅桃木扇槅画橱，碧纱屏风皆为著名木雕珍品，紫檀木屏上有清代大学士刘墉及晚晴广东三大才子的诗句手迹。深柳堂是昔日园主人的起居之地，包括厅堂、书斋和卧室，厅堂宽敞明亮，透过大面积的玻璃窗扇，将池水、绿树引入室内，室内外空间渗透相连，使人感到阔远、舒展，深有“凭虚敞阁”的庭院妙趣。厅内的屏门隔断，饰有精致的桃木雕和紫檀木雕，其中所刻 32 幅扇形格子，刀法细如牙雕，尤称绝品。最引人注目的，是中厅里的“松鹤延年”和“松鼠菩提”两幅大型花鸟通花门罩，图案优美，形象生动，使厅堂呈现玲珑剔透景象。

四、实习作业

（1）试从山水骨架、环境空间、建筑小品、装饰风格、绿化配置等角度说明余荫山房的设计区别于中国古典园林中北方、江南两地的园林风格的方面。

（2）试以分析图的形式分析庭院布局结构。

（3）草测浣红跨绿、深柳堂、玲珑水榭。

（曾洪立　许先升 编写）

【越秀公园】

一、背景资料

越秀山属白云山余脉，东西部延约 3 km，海拔逾 70 m。历史上又有粤秀山、越王山、观音山之名。早在西汉南越国时，越秀山便是广州市民的登临游憩胜地。1921 年孙中山先生曾在"南方大港"计划中提出要把越秀山建成一座大公园。解放后，广州市政府把他的理想变成了现实。整个公园面积 75.42 hm²，内有 3 个人工湖和 7 个山岗，湖光山色，风景秀丽，还有大批古树名木，绿化覆盖率达 90.3%。

著名古迹镇海楼，建于明洪武十三年（1380 年），楼分 5 层，高 29 m，登高远眺，羊城景色尽收眼底。公园内还有古之楚庭、佛山牌坊、明古城墙、绍武军臣冢、四方炮台、孙中山纪念碑、孙中山读书治事处碑、光复亭、海员亭、球形水塔、五羊仙庭等名胜古迹。明清以来被列为"羊城佳景"的有：粤秀松涛、粤秀连峰、镇海层楼、粤台秋月、越秀远眺、越秀层楼。

二、实习目的

（1）了解越秀公园历史背景及其内历史建筑。
（2）学习如何利用原有历史建筑营造新的景观特色。
（3）学习如何结合主题进行园内景观的设计和意境表现。

三、实习内容

（一）分区

公园由主峰越井岗及周围的桂花岗、木壳岗、鲤鱼岗等 7 个山岗和东秀、南秀、北秀 3 个人工湖组成，山水相依，风光如画，亭、台、楼、阁、廊、榭点缀其间，极富岭南特色，又是划船、垂钓、休憩、绘画、摄影的上佳休闲去处。伫立在北秀湖畔的白鸽广场上可观赏鸽子翱翔在湖光山色之中。花卉馆里常年展出奇花异卉，此外还有阴生植物园、茶花园和百羊图供游人观赏。

（二）景点分析

1. 五羊仙庭

五羊仙庭为越秀公园内一个景区，修建于 1988 年，位于靠近南秀湖一侧的山丘上，面积 3.75 hm²。园内的五羊石雕建于 1959 年，高逾 10 m，被视作广州的城标。1989 年，以五羊石雕为主题，增建了"五羊仙庭"景区，布局核心即为五羊仙人塑像及山顶广场。此区树木郁郁葱葱，园林水景多种多样，地势高低

1. 正门绿化广场
2. 毓秀灵瀑
3. 北湖桨声
4. 荆花红雨
5. 花苑飘香
6. 荫生植物区
7. 成语寓言园
8. 竹林
9. 小天使乐园
10. 童话大世界
11. 锦园
12. 白鸽广场
13. 鲤鱼头文体娱乐区

14. 越秀派出所
15. 穗石吉羊（五羊仙庭）
16. 越秀层楼
17. 明代古城墙
18. 古之楚庭
19. 丰碑遗爱
20. 广州美术馆
21. 海员亭、光复亭
22. 孙中山读书治事处
23. 炮台遗址
24. 电视塔（天上人间）
25. 金印东园
26. 东秀晨曦

27. 南秀花苑
28. 球形水塔
29. 越秀泳场
30. 以太广场
31. 园林招待所
32. 厕所
33. 小卖部、工艺部
34. 快餐部、餐厅
35. 微型高尔夫游乐园
36. 亭、阁
37. 廊、花架
38. 越秀山体育场
39. 票房、公园入口

40. 电房
41. 健力宝健美乐园
42. 游艇部
43. 游乐设施
44. 办公、会议、接待、后勤用房
45. 君臣家
46. 花圃
47. 外单位占地
48. 圆炮台老人活动区
49. 金印踏趣园
50. 东秀湖烧烤场
51. 伍庭芳墓

越秀公园平面图（改绘自：李敏等，《广州公园建设》）

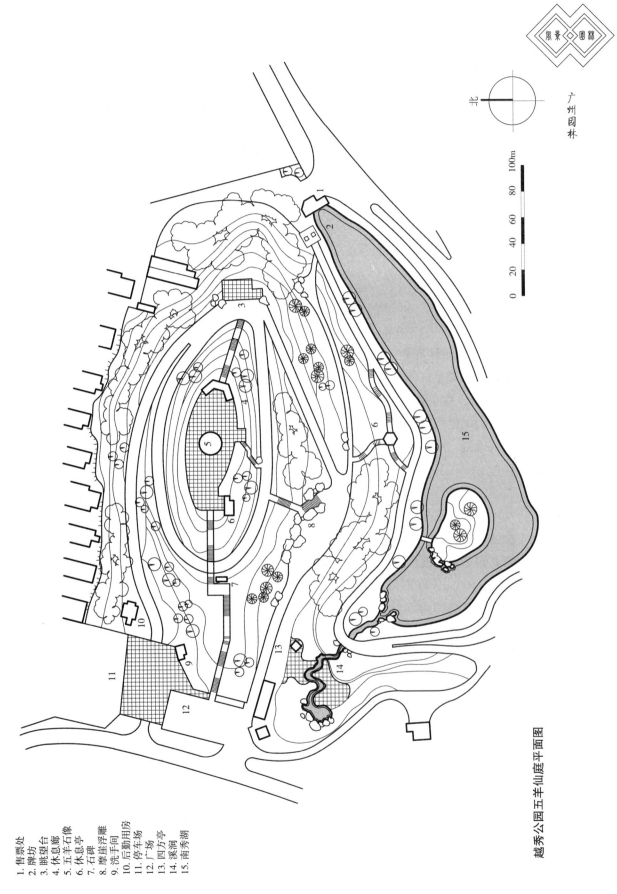

1. 售票处
2. 牌坊
3. 眺望台
4. 休息廊
5. 五羊石像
6. 休息亭
7. 石碑
8. 摩崖浮雕
9. 洗手间
10. 后勤用房
11. 停车场
12. 广场
13. 四方亭
14. 溪涧
15. 南秀湖

广州园林

北

0 20 40 60 80 100m

越秀公园五羊仙庭平面图

97

起伏、变化万千，将自然和人文景观融为一体。从大北路主入口广场沿轴线拾级而上，可观赏沿路丰富的植物景观，经仰天石刻碑记，直至五羊塑像广场，往前至休息景廊后便跌级下山到观景平台，可一览广州全城轮廓。经由环山游览道路可观赏到多个园林景点，如以传奇故事为主题的大组群摩崖浮雕、雕塑，还有瀑布、石景、牌坊和小岛等。五羊仙庭的植物配置，主要是在原有的绿化基础上着重改造和丰富灌木丛、地被植物，增加的灌木种类有山瑞香、九里香、桂花、白蝉、金脉爵床、含笑、艳山姜、花叶良姜、棕竹和散尾葵等，地被种类有紫背竹芋、花叶苎麻、花叶连翘、红背桂、'白蝴蝶'合果芋、白掌、桢桐和'银皇后'万年青等。

2. 镇海楼

镇海楼被誉为岭南第一胜景，因其楼高5层而被称为"五层楼"。此楼建于明洪武十三年（1380年），由永嘉侯朱亮祖所建，初名"望海楼"，后又题名为"镇海楼"，有雄镇海疆之意。1956年改为广州博物馆。

镇海楼是广州现存最完好、最具气势和最富民族特色的古建筑，楼高28 m，阔31 m，共5层。第一、二层用红砂岩条石砌成，三层以上为砖墙，外墙逐层收减，似楼似塔，红墙绿瓦，造型古朴独特。楼前对峙2 m高的红砂岩石狮，为明代雕刻。清初诗人屈大均曾有诗赞镇海楼"可以壮三成之观瞻，而奠五岭之堂奥"。在清朝，镇海楼一直是广州最高的建筑物。

3. 明代古城墙

从中山纪念碑后边，折向西行，可见一段逾200 m的古城墙，逶迤伸展，隐没在丛林深处，是广州保存的唯一一段明代城墙，也是广州现存的最古老的城墙。它东起小北门（今小北花园），西迄大北门（今解放北路与盘福路交会处），长逾1100 m，断断续续，横跨越秀山。明代初年，朱亮祖镇守广州，于洪武十三年（1380年）建此城墙，迄今已有600多年历史。这段城墙是广州城垣的历史遗产，与镇海楼、五仙观后面的钟楼一起，被人们认为是明初广州三大地面古迹之一。

4. 中山纪念碑

中山纪念碑建于1929年，由著名建筑师吕彦直设计，是为纪念民主革命家孙中山先生而建的。它位于观音山顶上，循"百步梯"蹑498级可通达。碑身全部用花岗石砌成，高37 m，石碑的正面是长约7 m、宽约4 m的巨型花岗石，上面刻着孙中山的遗嘱。碑底为方形，向上渐小而尖，碑内有梯级可回旋至顶，第一、二层四面都可凭栏俯瞰，更高处每层有窗可向外远眺。碑基上层四面有26个羊头石雕，象征羊城。孙中山纪念碑与中山纪念堂同处于广州城传统城市中轴线上，连成一体，成为广州近代城市的标志，现为国家级重点文明保护单位。

5. 广州美术馆

广州美术馆位于越秀山镇海楼东侧，是一座近代所建的具有中国传统建筑风格的文化建筑。其前身为仲元图书馆，1927年由国民党元老李济深提议创建，由建筑师杨锡宗设计，1930年建成，为钢筋混凝土结构，造型模仿北京故宫的文华殿。1957年，经朱光市长倡议，广州市政府批准成立美术博物馆，成为中国最早成立的美博馆之一。大楼后侧增建的画廊里设有高剑父纪念馆和陈树人纪念馆两个分馆。

（三）植物

越秀公园是广州市城市中心区范围内面积最大的绿地，是以混交林和湖泊为基础的自然生态系统，园内自然环境得天独厚，园中植物种类多样。现存植被是人工植物和天然次生植被的混合体。乔灌木和地被共127科460种。其中乡土植物275种，非乡土植物185种。乔木146种近22万株，以阴香、榕树、土蜜树、朴树、构树、龙眼（*Dimocarpus longan*）、白兰、台湾相思、洋紫荆、蒲桃、人心果（*Manilkara zapota*）为主；灌木121种，有桂花、朱蕉、海桐、假连翘（*Duranta repens*）、红背桂等；地被植物143种，有海芋、'白蝴蝶'合果芋、蒲草（*Typha angustifolia*）、肾蕨、蟛蜞菊、大叶仙茅（*Curculigo capitulata*）、鸢尾、龟背竹等。棕榈植物19种，竹类植物8种，藤本植物10种，水生植物3种，时花10种。这里还有国家一级保护植物桫椤。

近年来，公园新建了一批将植物造景和人文活动融为一体的游览、娱乐景点，如草地滚球场、微型高尔夫乐园和以石雕、石刻、浮雕、线雕等雕塑组成的"中国成语寓言园"，供青少年、儿童活动的"踏趣园""小天使乐园""儿童乐园"和"老人活动区"。越秀公园每年都举办大型的花事活动，如每年的菊展、春节"广州园林博览会"等，努力为游人提供愉悦的娱乐、观赏、休闲空间。

四、实习作业

（1）调查园区内植物种植情况并作出植物配置分析报告。

（2）速写3幅，其中五羊仙庭内的景点为必选。

（3）实测园内古建筑，并分析其与园内的景观结合手法。

（曾洪立　李　薇编写）

【云台花园】

一、背景资料

云台花园坐落在广州市白云山风景区南麓的三台岭内，南临广园路，东倚白云索道，北靠连绵群山，第一期工程占地约 12 hm², 绿化面积 85% 以上，是一个以植物造景取胜、四季百花吐艳的现代公园。云台花园于 1995 年国庆节正式建成开放。该园格调高雅、趣味盎然。园内建有新颖雅致各具特色的景区（点）共 14 处。

二、设计原则

1.以表现植物景观为主

除必要的休息、服务、展馆和管理设施外，尽量少设建筑，充分利用花园有限的面积设置大面积的草坪、疏林草地、林缘花境和喷泉雕塑等，力图营造一个繁花似锦、舒朗大方、美丽宜人的自然环境。

2.求新求异，强调个性

创建过程中吸取国内外园林，特别是现代造园的精华，如园中大型叠级喷水池、水森林、荧光湖以及大面积的铺装平台、大草坪等设计，突出花园个性，更符合现代人的生活节奏和审美情趣。

3.景区各具特色

各景区有不同的主题，亦有不同的艺术形式，若干个内容不同、景致各异的景区构成了绚丽多姿的艺术景观。

4.人文景观丰富花园的内涵

谊园景区集中了一批象征各国人民友谊的雕塑作品。岩石园中诸多的图腾柱及巨石上的浮雕等景物的设置，不仅体现了花园的文化内涵，也使花园格调显得更为高雅，景色更为迷人。

三、总体布局及景区规划

（一）地形设计

云台花园原是一山谷地，为处理好山水的关系，设计师在坚持土方就地平衡的原则下，削去两个山头，其中最大降幅达 12 m。削去的土方，用来回填凹地，大大改善了地形、地貌，为创造公园美景，构建了一个比较优美的山水骨架。

（二）布局及景区规划

一进入公园大门是位于主轴线上的"飞瀑流彩"，在高差为 9 m 的坡地上，

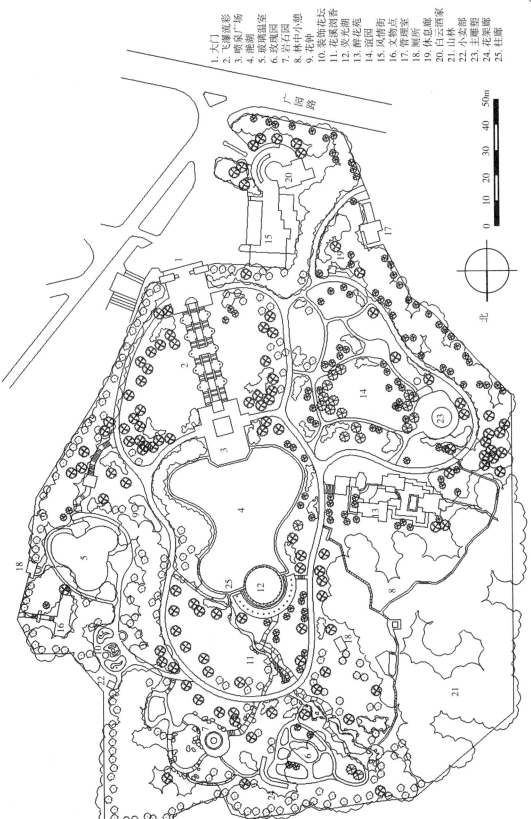

1. 大门
2. 飞瀑流彩
3. 喷泉广场
4. 滟湖
5. 玻璃温室
6. 玫瑰园
7. 岩石园
8. 林中小憩
9. 花钟
10. 装饰花坛
11. 花溪浏香
12. 炭光湖
13. 醉花苑
14. 谊园
15. 风情街
16. 文物点
17. 管理室
18. 厕所
19. 休息廊
20. 白云酒家
21. 山林
22. 小卖部
23. 主雕塑
24. 花架廊
25. 柱廊

北

0   10   20   30   40   50m

广园路

云台花园总平面图［改绘自：刘少宗，《中国优秀园林设计集》（四）］

广
州
园
林

101

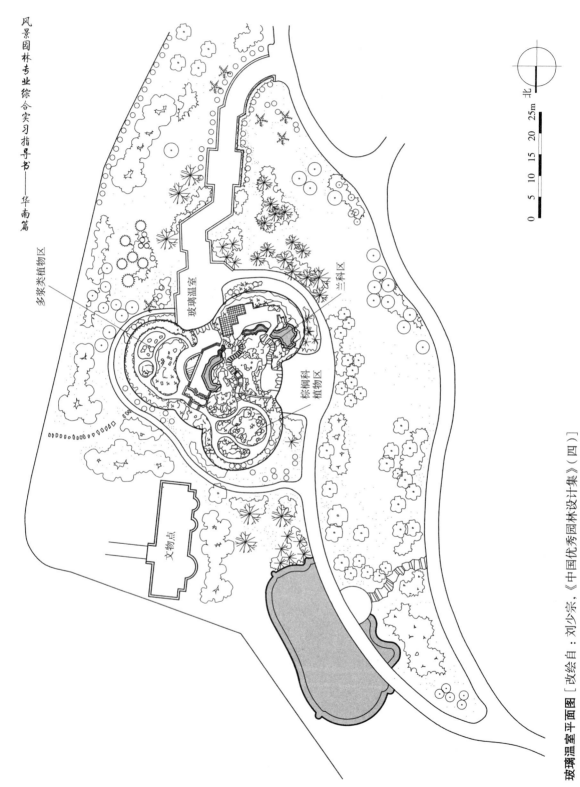

多浆类植物区

玻璃温室

兰科区

棕榈科
植物区

文物点

北

0 5 10 15 20 25m

玻璃温室平面图 [改绘自：刘少宗，《中国优秀园林设计集》（四）]

设计者因地制宜，把具有动感的跌水、喷泉与色彩缤纷的花带、巨型花盆和水池两侧的步级平台巧妙地结合在一起，而该景区旁的两块绿地再次烘托出此景区的主题，沿着步道拾级而上至顶，是一个颇具创意的喷泉广场，设有可调控的喷泉和水森林。而广场底下彩色灯管以及"飞瀑流彩"跌水的级面，在华灯初放的夜晚，又有另一番景象，能给人以美的感受。

玻璃温室是园内一重要构筑物，它与谊园景区内的主雕——"地久天长"遥遥相对。温室占地 1200 m²，采用了球形网架结构，最高点距地面 24 m，平面构图呈兰花瓣形，便于安排、创造不同的园林空间。温室内依据平面布局设有展示不同植物种类的 3 个小园，分别是多浆类植物展区、棕榈科植物展区及兰科植物展区，并根据温室内台地的高差，设置了假山瀑布、小溪流、木花架和景墙等小品。温室外花钟及装饰花坛景点，小巧玲珑，颇有趣味，装饰性较强。

岩石园内有各种怪石，真石与假石造型各异，而又真假难辨。用花岗石雕凿的十二生肖太阳广场以及假石上的岩画和少数民族图腾，将石与人文景观相结合，再配以各种岩生植物，使该景区又另具一番审美情趣。

玫瑰园紧邻岩石园，园内玫瑰品种繁多，争奇斗艳。园中设有一玫瑰花廊，高低错落，小巧玲珑，是游人赏花、小憩的好去处。

"花溪沁香"作为滟湖（人工湖）的源头溪涧，通过模仿自然石景，使溪涧显得自然流畅，并通过植物的配置营造出暗香浮动、花团锦簇的意境。

荧光湖景区，也可称为滟湖的一部分，它由柱廊、喷泉组成，并成为由"飞瀑流彩"至喷泉广场，经滟湖这条隐形轴线的端景。

醉华苑利用小山谷，错落有致地布置了廊、展馆、茶室和水池等建构物，主要用于展示各种珍贵花木和各式插花，也可用于展览书画。

谊园原址是一山岗，通过削坡，降低山头高度 6 m，从而创造较大面积的缓坡地。大面积的草地上一组组植物配置，无论是植物造型、色彩搭配还是平面布置均经过反复推敲、精心设计，较好地表现出优美丰富的植物景观。该景区还成为一处与广州市缔结友好城市的外国城市赠送标志性展品的展场，现已展有德国法兰克福市赠送的苹果酒瓶、加拿大温哥华市赠送的日晷、日本福冈市赠送的歌舞会雕塑以及新西兰市赠送的毛利人图腾（现暂置于醉华苑内），象征友谊与和平的巨型石雕"地久天长"使谊园的主题更加突出，也使该区成为游人赏花、观景的聚集地。

风情购物街位于花园大门外广场的西侧，集观光购物及饮食于一体，为对外开放式经营，不需购门票。此街建筑多采用欧陆式建筑的风格，主要出售各国精品、纪念品和风味小食，景区颇具异域情调。

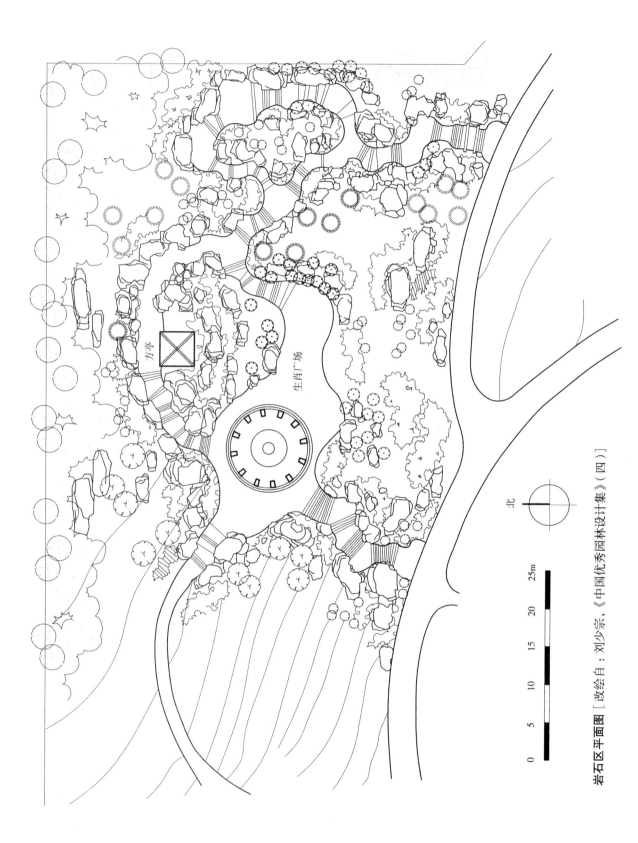

方亭

生肖广场

北

0　5　10　15　20　25m

岩石区平面图［改绘自：刘少宗，《中国优秀园林设计集》（四）］

雕塑

亭诚北

北

0 5 10 15 20 25m

谊园平面图 [改绘自：刘少宗，《中国优秀园林设计集》（四）]

四、道路、广场、出入口

花园设有主入口和供内部使用的次入口。大门外有开阔的广场分别与城市道路和通往白云山风景区的主山路相连，沿湖设一主环路将园内各景区贯穿起来，景区内设次路联系各景点，园路分 3 级，主干道 5 m，次干道宽 2 m，小径 1.2 m。

五、绿化设计

运用南方地区的特色植物来美化花园，并依据地形地貌特点，精心配置各种造型、色彩各异的乔灌木及草花，构成了一幅幅美丽生动的植物风景画，达到了良好的景观效果。

（一）植物选择

公园大门面对"飞瀑流彩"景区，大草坪上数丛大王椰子、金山葵、假槟榔、董棕（Caryota urens）、鱼骨葵（Arenga tremula）等棕榈科树木呈现一派南国热带风光；大型跃水两侧的条形花坛以及层层平台上摆设的巨型石雕花盆中种植各种应时花卉，如长春花、重瓣海棠、一串红、荷兰簕海棠、矮牵牛、一品红、各色马樱丹、花叶假连翘等，这些花卉的艳丽色彩，具有热烈的迎宾气氛。

"谊园"景区绿化北侧注重植物的造型、色彩的搭配，选用的植物有呈尖塔形的南洋杉、龙柏、罗汉松等常绿树，可修剪成球形的大红花、红绒球（Calliandra haematocephala）、簕杜鹃、双荚槐（Casin bicapsularis）等以及红桑、紫槿木（Euphorbia cotinifolia）、金边紫苏、龙船花、各色马樱丹等一批花灌木。这一幅幅美丽、生动的植物风景画，构成了该区的景观特色。

"岩石园"选用的园林植物也十分丰富，有树形美观的鸡蛋花、砂糖椰子、美丽针葵、苏铁等，路旁、石隙间或种上成片的龙船花、大花马齿苋（Portulaca grandiflora）、何氏凤仙、荷兰簕海棠、花叶假连翘等，或点缀几株金边剑麻（Phormium tenax）、文殊兰，富有自然野趣。园内其他景区也各自依据本区地形、地貌特点，运用多种园林植物进行设计，均取得了较好的效果。

（二）植物种植形式

植物种植形式以自然式为主。在花园山水骨架基础上采用开朗、明快的布局。大片的草皮作为衬底，色彩斑斓的美人蕉、黄蝉、'金边'红桑（Acalypha wilkesiana 'Marginata'）、红绒球、杜鹃花等布置其间，点缀在草坪中的花灌木丛边缘曲线自然流畅，各种热带、亚热带的乔木，如凤凰木、木棉、火焰树、橡胶榕、高山榕、黄槐、宫粉紫荆等或孤植或丛植，错落有致地布置在各个区里。局部地方采用规则式的种植方式，如玻璃温室旁的装饰花坛，将簕杜鹃、九里香、福建茶（Carmona microphylla）修剪成圆柱形、球形、尖塔形，并设有图案式花

坛、矮篱、绿墙等，形成一个小型的规则式植物造型景区，颇受游人喜爱。

六、结语

公园开放以来吸引了众多的游客前来参观游览，对公园布局形式、建筑风格、绿化配置和景点等方面都给予了好评，取得了较好的社会效益、环境效益和经济效益。但设计中也存在一些不足之处，如过于强调草坪、观花、观叶植物喜光的一面，忽视了遮阴乔木的种植，致使游人在夏季游览时，不易找到一个避荫的地方。另外，园林空间的层次感还不够，这些均有待今后改进。

七、思考题

云台花园已在国内外享有盛誉，被称为"花城明珠"，试分析其主要的特色。

八、实习作业

（1）试举 3 ~ 4 处成功的植物配置景观实例，并以实测的形式记录下来。

（2）草测"岩石园"平面图，熟悉植物种类及搭配。

（3）草测"谊园"平面图，并用简图示意植物配置特点。

（曾洪立 编写）

【珠江公园】

一、背景资料

坐落于广州珠江新城中心腹地，于2000年9月28日对外开放，是广州市"三年一中变"的成果之一。2001年10月1日至2002年3月17日在这里及以西67 hm²的地段上举办了中国第四届园林博览会，珠江公园因此声名鹊起，目前园内还保存着园博会参展的一些景点。曾获得建设部（现中华人民共和国住房和城乡建设部）2005年度"优秀勘察设计项目一等奖"，2012年获广东省住建厅"岭南特色园林设计奖金奖"。公园占地28 hm²，环境优美，格调幽雅，园内绿草如茵，南国花木各自成区，是一个集观赏、游憩、文化、休闲于一体，以植物造景为主的生态公园。

二、实习目的

（1）了解珠江公园以植物专类园形式组织景区的布局手法。

（2）学习各景区植物配置的方式，了解专类植物配置方式与一般公园植物配置方式之间的区别。

三、实习内容

（一）总体布局

珠江公园总体布局采用自然式风格，在原有地形上挖湖堆山，形成东北高、西南低的地势。中心为"快绿湖"这一开阔的水域，水体形状为自然流畅的曲线形，湖边利用挖湖的土方及广州修建地铁的余泥堆山，种植茂密的树林，深远而幽静。园中无明显的空间轴线，园路成环形，以园路连接各景点，形成以植物为特色的空间序列布局。珠江公园以专类园的形式来划分空间，分为棕榈园、桂花园、木兰园、百花园、阴生园、水生植物区、风景林区、快绿湖景区以及西面活动展示区。

（二）景区

珠江公园内各个景区自成一章，又浑然一体。临榭观水，楼顶赏绿，茶室品茗，漫步游景，各区景观丰富。

1.快绿湖

位于园中部，宛如仙境中的一颗明珠。沿湖区设置具有岭南建筑特色的"品绿茶室""椰风水榭"，使岸边景色更加优美自然。椰林位于椰风水榭南面，南风必经椰林才能到水榭，因此称"椰风水榭"。水榭与抱珠楼遥相呼应，都是具有

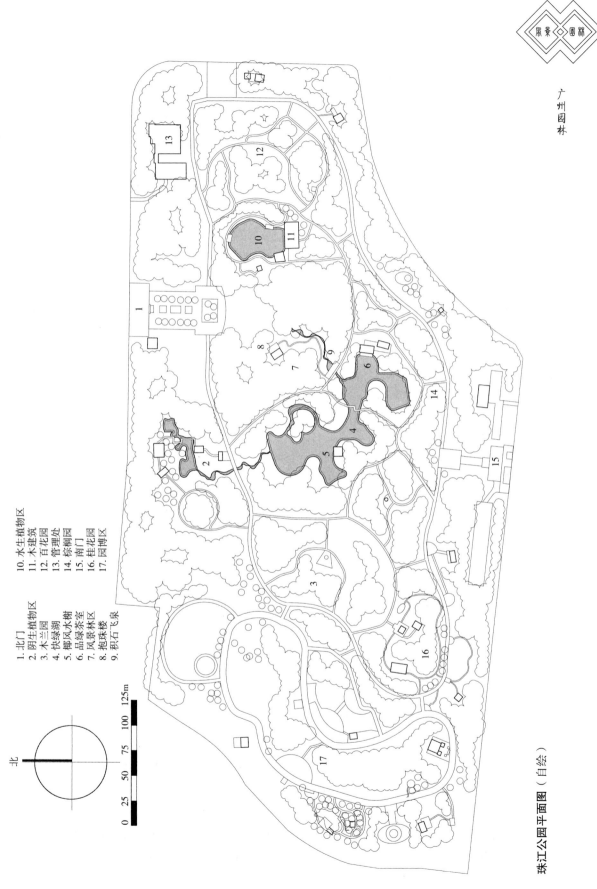

北

125m
100
75
50
25
0

1. 北门
2. 阴生植物区
3. 木兰园
4. 快绿湖
5. 椰风水榭
6. 品绿茶室
7. 风景林区
8. 抱珠楼
9. 积石飞泉

10. 水生植物区
11. 木建筑
12. 百花园
13. 管理处
14. 棕榈园
15. 南门
16. 桂花园
17. 园博区

广州园林

珠江公园平面图（自绘）

东瀛风韵的建筑，此处可远观山体南坡的"积石飞泉"，瀑布飞溅，溪水潺潺；近赏快绿湖中碧水涟漪，游鱼如画，是一处观景的好地方。湖面上的曲桥象"初月出云"，而小桥上的三道波光柱则像"长虹饮涧"，在阳光的照耀下变幻出万紫千红的彩霞，在落羽松、串钱柳和棕榈林的衬托下交相辉映，引人驻足。

2. 风景林区

位于公园最高的山地，以成片的混交林种植为主，运用各种配置手法及不同的树种，体现不同的季相和花期变化，形成一个植物色彩丰富、层次鲜明的景区。山上有高耸云霄的木棉，翠绿茂盛的南洋杉；山南"积石飞泉"景点以自然山石砌筑而成，瀑布飞溅而下，溪涧蜿蜒其间，溪涧源头"奔雷"声势浩大，雄伟壮观；山北鲜花丛丛，争奇斗艳。

3. 阴生园

园虽不大，但布置巧妙，主要以庭院的方式来表现岭南园林艺术精华。门楣上"醉绿"二字，古朴雅致。园内石径弯弯曲曲，时而越过小溪、时而绕过假山，泉水清澈，景点丰富。园中以热带阴生植物为主，栽种多种珍贵和稀有的阴生植物品种，有黑桫椤、澳洲苏铁、水瓜栗（*Pachira aquatica*）等，满园盛开的蝴蝶兰、文心兰芳香扑鼻。如山峰耸立的景石上有艺术大师廖冰兄所题"绿海"二字，形如泉水般蜿蜒，又似青藤般柔韧。

4. 水生植物区

水生植物区在风景林区与百花园之间，面积约 1 hm²，全区以水景为主，设有溪涧、湿地、湖心岛、水榭亭廊，种植了岭南常见的水生植物。景区以自然风景园的手法，将植物、水景、山体等自然景观元素与具有强烈艺术气息的园林建筑小品相结合，营造出人与自然和谐的环境，由加拿大卑诗省提供的木建筑傍水而建，与水生花卉组成原生态景点，极致地展现这个水生植物园的生态效果，岭南园林风味与异国情调洋溢其中。

5. 其他专类园

桂花园、木兰园、百花园、棕榈园各具特色。桂花园内各种桂花芳香飘逸，沁人心脾，园内精致的小品景点让人驻足，设有"蟾光桂影""襟香馆""月韵"等景点，突出桂花文化与主题。这里汇集了四季桂、金桂、银桂、丹桂等优秀桂花品种，尤其是一棵胸径超过 20 cm 的"金桂花王"，在岭南地区更为罕见。木兰园的玉堂春、白玉兰、荷花玉兰、含笑、马褂木等争奇斗艳，每当春暖时节，满园花开，绚丽夺目。百花园中有山茶、紫荆、木棉等当地花木，不同时节还布置了应时花卉，如利用色彩艳丽的一串红组成植物色块，利用花叶扶桑（*Hibiscus rosa-sinensis* var. *variegata*）作绿篱，气氛热烈而奔放，近年还引进禾雀花，更添情趣。而以热带棕榈科植物为主的棕榈园，集中了广东省近年来收集的近百个品种，包括大王椰子、酒瓶椰子（*Hyophorbe lagenicaulis*）、三角椰子、狐尾棕

（*Wodyetia bifurcata*）、鱼尾葵等。各种棕榈植物高大挺拔，采用孤植、对植、丛植等多种方式栽植，在灌木和地被花卉、景石的衬托下，呈现出独特的热带风光。名贵种类有加拿利海枣、国王椰子（*Ravenea rivularis*）、狐尾椰子等。

6.园博区

公园西面的园博区为2001年第四届园林博览会场地，目前保留了博览会上中国、日本、韩国等国家的参展园林精品，并使之成为永久性的公园景观。目前，园博区计划改建，增加岭南园林艺术展示区、文化娱乐区、康体活动区、老人及儿童活动区，增强公园的综合活动功能。

（三）风景园林建筑小品

园内建筑以深灰色曲面坡屋顶与白色墙柱结合，具有岭南传统建筑神韵，也吸收了江浙民居特点，其造型新颖，简洁的形体具有现代感。园内建筑造型特点各不相同，木兰园的亭廊蓝顶白柱，轻巧活泼；抱珠楼是山顶观光楼，建筑具有较强的岭南特色；水生植物园的一组木结构水榭和栈道，为中加合作展示项目，采用了加拿大卑诗省当地的铁杉、西部红柏和针叶木建造，经过防腐处理，经久耐用，气味芳香，体现了自然生态感。为充分体现人与自然和谐的主题，珠江公园内建筑多采用竹、木、石等天然材料，标识牌、果皮箱、座椅等园林设施也采用原木原色。

（四）植物配置

公园以高大挺拔、四季常绿、繁花似锦、色彩缤纷的南亚热带植物造景，表现出强烈的南国情调。红花羊蹄甲、蓝花楹、大花紫薇、白兰、南洋楹、南洋杉、假槟榔、大王椰子、短穗鱼尾葵等高大乔木构成了公园植物景观的南国风情基调。而各区植物配置主调不同，以专类园的形式呈现。如快绿湖景区，水杉、落羽杉与其下的水葱、芦苇、香蒲、龟背竹，构成景区柔和、平静、舒适和愉悦的美感；百花园中利用色彩艳丽的一串红组成植物色块，利用花叶扶桑作绿篱，营造景区兴奋、热烈和奔放的气氛。

公园植物景观注重季相变化，春季有刺桐、木棉、洋紫荆；夏季有凤凰木、夹竹桃、大叶紫薇、黄槐；秋季有大红花、木芙蓉、珊瑚藤；冬季有红花羊蹄甲。在植物配置时强调统一与变化，如棕榈园以霸王棕（*Bismarckia nobilis*）、狐尾椰子、假槟榔为基调树种，在该景区大量重复运用，达到植物景观的统一感，在不同地段则各自突出某种棕榈植物，如酒瓶椰子、蒲葵、棕竹、散尾葵、苏铁等，并在林下种植不同地被植物，实现植物景观的多样性。

园内也有植物图案式的造景，正对北大门的草坪山坡上，一个巨大花瓶下连接4条植物色带，彩色流线型花带就像从花瓶里流出似的，在绿草的衬托下，坡面上形成一幅美丽的图画，妙趣横生。

园内植物种类及品种 1070 种，地被植物面积 3.8 hm^2，乔灌木 42 万株，棕榈科植物 96 个品种，阴生植物 300 多个品种，绿化率 93.2%。

四、实习作业

（1）珠江公园强调植物造景，是 20 世纪 90 年代重视生态的一个表现，试分析其布局特点。

（2）草测 2 组植物景观，分析其布置特点。

（3）速写园景 2 幅。

（郭春华 编写）

深圳园林

【莲花山公园】

一、背景资料

位于深圳市中心区的北端，因 7 个山头相拥，状如盛开的莲花，故得名莲花山。公园东起彩田路、西至新洲路、北到莲花路、南临红荔路，与中心区绿带相连，与市民中心、少年宫、音乐厅等大型建筑隔街相望，是中心区的一道绿色背景。全园占地面积 181 hm²。

莲花山公园筹建于 1992 年 10 月 10 日，于 1997 年 6 月 23 日局部正式对外开放。1998 年黑川纪章事务所提出公园的概念规划构思后，由深圳市北林苑景观及建筑规划设计院有限公司总体规划设计。规划定位为"生态型城市公园"，拟建成一个"活的博物馆"，而"莲山春早"也被选为深圳八景之一。园内独特的人文景观（邓小平铜像），使莲花山成为广大市民和中外游人缅怀一代伟人风采的最好去处。历届多位党和国家领导人曾到公园参观视察。

二、实习目的

（1）了解位于城市中心区的生态型公园在空间布局、景点设置、植物应用等方面的特点。

（2）了解南亚热带地区植物的特点，以及为烘托景观主题而进行的植物配置方式。

（3）掌握以市民文化活动为核心的园林设计方法，建议采用比较式的学习方法，对深圳莲花山公园、伦敦海德公园等进行分析比较，从而得出结论。

三、实习内容

（一）总体布局

根据游人的来源方向和周边城市用地的性质，在公园的南面、西面、东面、西北角和东北角设置多个入口，将城市和公园有机联系在一起，体现公园和城市"同存共居"的生态关系。公园总体布局划分为山林谷地游赏景区（莲峰常青、莲峰挹爽、芦溪探幽、雨林溪谷）、水滨游赏景区（莲湖泛舟、晓风漾日）和疏林草地游赏景区（芳草竞鸢、棕榈风情、疏林清月、晴日暖风、草暖花坞）。

（二）园景

通过对山体与水系的整理，把全园分为各景区，各区设置可开展不同活动的场地。公园南区建有以棕榈科植物为主，具有热带、亚热带风光的椰风草坪景区，市民在这里放风筝已成为深圳市的一大人文景观，且每年一度的深圳市花展

也布置于此。

1. 南大门

南大门设计于 2010 年，即深圳改革开放三十周年，取意"改革开放之窗"。"中国红"的大跨度钢架结构体系，以折线形式一气呵成，蜿蜒成两个别致门框，隐喻深圳改革开放 30 年的先锋之旅，同时向人们打开透视"深圳记忆"，展望"深圳未来"的窗口。从园外步入南大门，多重景框高低错落。门区设置因地制宜，巧妙结合现有植被，营造出门前榕荫覆地，门内椰风绿屿、花香袭人的公园闲雅气氛。同时，层层递进的花台随着地形步步升高，步移景异，象征着而立之年的深圳在中国火红发展历程中锐意进取。

2. 山顶广场

山顶广场位于公园主峰上，面积约 4000 m^2，是深圳市内海拔最高的室外广场。由白澜生等 4 位著名雕塑家集体创作、上海造船厂铸造的邓小平同志铜像矗立在广场中央，江泽民同志为铜像题字，并于 2000 年 11 月 14 日亲自为铜像揭幕。山顶广场也是深圳市委、市政府接待贵宾的重要接待点。

广场北侧建有城市规划展厅，面积约 300 m^2，展示了深圳市城市规划建设的历程。

3. 深圳建立经济特区三十周年纪念园

纪念园位于莲花山公园的东南角，紧邻"晓风漾日"景区。步入纪念园首先要经过一条大叶榕林荫道，脚踏婆娑树影，拨开花枝绿叶，纪念园入口朴拙粗犷的景石赫然矗立眼前，左右巨石一主一配，顾盼生姿，犹如破土崛起，蕴含无穷力量。景石设计以当年蛇口开山第一炮为创作题材，寓意建设之初的开拓者们杀出一条血路的勇气和魄力。主石上题纪念园园名，紫铜铸就，与自然的斧劈皴石头表面相映生辉；配石以铜板镶嵌，镌刻"深圳经济特区建立三十周年纪念园记"，巨石花木锦簇、刚柔相济，以夹道迎宾之势引人入园。对景入口的是由胡锦涛总书记亲手种下的金桂，寓意折桂领先、蓬勃兴旺。由入口空间沿顺时针方向环形步入纪念园，整个园区景色映入眼帘。

纪念园以"圆"为构图中心，暗合当年小平同志画下的"特区之圆"。灵动的流线型场地在绿茵大地上划出一道优美的弧线，自入口顺时针蜿蜒流动。环草坪向外依次布置波浪形场地、浮雕墙、园路、榕树群等，与周边园景融为一体，共同谱写"流动的乐章"。行近环北，"三段浮雕景墙、三首特区之歌、三十棵纪念树"犹如凝固而又生动的主题音符映入眼帘，谱出特区和谐乐章。浮雕分别以深圳 3 首原创歌曲为题：《春天的故事》《走进新时代》《走向复兴》，浓缩了特区 30 年的发展历程。浮雕墙外环植有 30 棵榕树，根深叶茂，亦为有生命的生态雕塑，既隐喻特区建设 30 年，又象征扎根沃土的特区建设者的精神风貌。花岗岩打造的半环形树池，取意张开的双臂相向而拥，象征着深圳与全国各族人民手拉

1. 公园南门
2. 棕榈园
3. 儿童益智乐园
4. 游船码头
5. 主入口广场
6. 莲湖泛舟
7. 芦溪探幽
8. 山顶平台
9. 西南入口广场
10. 晓风漾日
11. 夕阳红广场
12. 休闲运动场地
13. 春风小溪谷
14. 雨林溪谷
15. 荔枝台
16. 鸣翠台
17. 舞林广场
18. 户外健身场
19. 小卖部
20. 避雨休息厅
21. 公厕
22. 户外健身场地

北

0 50 100 150 200 250m

手、心连心。

（三）风景园林建筑小品

山顶广场的厕所为一座隐于山林的吊脚楼式建筑，占地面积约 100 m²，建筑面积约 78 m²。其设计充分考虑了与环境协调、与当地气候条件结合、使用者生理与心理的需求、空间环境的改善、形象的美感与意境的创造等方面，有全景环幕般的自然景色和城市风光。建筑采用轻盈的玻璃钢构的形式，腾空凌立于山坡林海上。高高低低的钢柱，或垂直、或斜插四方，犹如生长在山坡上的树干，加上玻璃墙上的树叶斑纹，组成了一幅抽象的"树群"画面，将建筑融于自然景观中。在功能空间的塑造方面，除设计传统的洗手区和如厕区外，还专门设置了等候如厕者的景观休息区。如厕者从开敞栈桥走到隐约可见的、动态的、能赏景的洗手区，再到无视线干扰的、静态的、能赏景的如厕区，最后步入中部隐秘封闭的蹲位。这样一个从开放到隐蔽、从动到静的过程，让如厕者在愉悦的心情中轻松解急。半高不到顶的室内墙体和磨砂玻璃外墙，在满足通风同时，又满足了室内任何部位的自然采光的需要，经过磨砂玻璃过滤后的自然强光，使室内漫射光分布均匀、柔和。而厕所中的粪便经垂直竖管从架空楼板下沿男女厕所间的斜墙排入埋地的化粪池，经沉淀过滤后的废水通过放射状布置的细管排向下沿山坡，顺势沿山坡向下灌溉方圆几十公顷的山体植被，变废为宝，肥一方水土，体现了生态性。

（四）植物配置

截至 2013 年年底，公园共有乡土和园林植物 1500 余种。为突出公园的生态特点，园内的植物种植按片区划定主题，分别为：东翼红林绿地——土树洋花争芳斗艳的色彩生态区；主峰庄丽常青——自然生态恢复区；南部稀树草坪——市民休闲区；西翼花香果红——虫鸣鸟语森林生态区；莲湖 3 级池湖湿地生态区；北部香氛林园生态区。

公园的植物配置突出南国风情，近南门入口车行道旁种植一棵美丽异木棉，胸径约 100 cm，每年 10 月前后开花，甚为壮观，成为公园的标志性景观之一；棕榈园种植了霸王棕、丝葵（*Washingtonia filifera*）、砂糖椰子（*Arenga pinnata*）、蒲葵、金山葵、狐尾椰子、董棕、加那利海枣（*Phoenix canariensis*）等 40 余种棕榈科植物，配以旅人蕉（*Ravenala madagascariensis*）、双荚槐、龙船花（*Ixora chinensis*）、簕杜鹃、紫薇（*Lagerstroemia indica*）、软枝黄蝉（*Allemanda cathartica*）等，模拟南亚热带植物群落结构，形成近自然的植物景观；公园东南面坡地上种植有上万株凤凰木，每当夏季来临，凤凰木花开，漫山红遍；公园西北部面积近 70 000 m² 的草地上，种植了面包树（*Artocarpus communis*）、火焰木、海南红豆（*Ormosia pinnata*）、蔷薇风铃花（*Tabebuia rosea*）、鸡冠刺桐（*Erythrina*

117

crista-galli）等热带珍奇树种；公园北坡种植了 5000 多株桃花，春节期间盛花，吸引无数市民前往赏花；雨林溪谷景区，种植有形成独木成林景观的高山榕和橡胶榕，板根植物长芒杜英（*Elaeocarpus apiculatus*）等，附生植物鸟巢蕨（*Asplenium nidus*）等，藤本植物买麻藤（*Gnetum montanum*）和扁担藤（*Tetrastigma planicaule*）等，阴生植物乌毛蕨（*Blechnum orientale*）和棕竹等，湿生植物芦苇、海芋、旱伞草等，着重体现亚热带沟谷季雨林的植物配置及群落关系。

四、实习作业

（1）通过莲花山公园植物景观的实地调研，分析总结南亚热带植物景观的特点。

（2）草测南大门门区平面图。

（3）分析山顶广场东侧的公厕在选址和设计上如何协调建筑与环境的关系。

（徐 艳 编写）

【深圳湾公园】

一、背景资料

深圳湾公园位于深圳市西南部沿海，东起滨海红树林生态公园，西至深港跨海大桥西侧，北靠滨海大道，南临深圳湾，隔海遥望香港米埔自然保护区，沿海岸线长约 13 km，总面积约 128.74 hm²，由红树林海滨生态公园和深圳湾滨海休闲带两部分组成。

红树林海滨生态公园始建于 1999 年，并于 2000 年 12 月正式向公众开放，面积约 20.67 hm²。公园原址是深圳湾北部滩涂地，是为建设滨海大道填海造陆而成，深圳市政府为了保护红树林，将原规划穿过红树林的滨海大道北移逾 200 m，并将其西面已填海的路基改造建设成今天的红树林海滨生态公园。

深圳湾滨海休闲带的规划始于深圳市政府 2003 年提出在深圳湾滨海地区建设滨海生态景观带，历时 8 年规划设计，在 2011 年第 26 届世界大学生运动会召开前建成。该项目由中国城市规划设计研究院深圳分院和美国 SWA 集团完成早期的总体规划，并连同深圳市北林苑景观及建筑规划设计院有限公司共同完成项目实施的规划设计。

二、实习目的

（1）了解滨海湾地区文化、空间、景观、生态四位一体的设计理念和手法。

（2）了解滨水线性空间在主题分区、景点设置、植物应用等方面的特点。

（3）掌握在生态高度敏感区域，如何通过景观设计协调公共活动和生态保护之间的关系。

（4）了解华南地区滨水植物的应用种类和特殊的水上森林——红树林。

三、实习内容

（一）总体布局

深圳湾公园通过对湾区生态环境敏感度的分析，确定设计区段不同的景观特征和功能，重点通过提供新的公园空间，疏解引导人们在远离核心区的地方活动，以曲线为型形成自然的岸线形态，以疏解过度积聚在红树林保护区一侧红树林海滨生态公园的人流。从东至西分为幽静闲适的 A 区（滨海路南侧东西走向的公园用地，东起红树林海滨生态公园，西至大沙河河口，陆域总面积约 34 hm²）、活跃艳丽的 B 区（沙河西路东侧、南北走向的公园陆域，北起大沙河口，南至后海大桥，陆域总面积约 10 hm²）和运动浪漫的 C 区（望海路东侧、南北走向的公

1. 红树林海滨生态公园
2. 中湾阅海广场
3. 海韵公园
4. 白鹭坡
5. 北湾鹭港
6. 小沙山
7. 大运火炬塔纪念广场
8. 流花山
9. 弯月山谷
10. 日出剧场
11. 潮汐公园
12. 婚庆公园
13. 观海栈桥
14. 海风运动公园

0 200 400 600 800 1000m

北

深圳湾公园平面图（深圳北林苑提供）

园陆域，北起后海大桥，南至望海路与科苑路交叉口，陆域总面积约 32.8 hm²）。A 区因临近红树林自然保护区，以恢复生态和静态的景观活动为主，创造幽静、闲适、自然的滨水空间。竖向设计上变化丰富，使公园景观在三维空间中变得丰富多彩，同时创造不同视线的观海空间。B 区因大运会火炬塔的建设体现出青春律动、活跃艳丽的景观效果。C 区因临近住宅密集区，注重与周边居民休憩活动相结合，塑造了理想的亲水空间，为市民提供了大量现代风格的滨水活动场所。

（二）园景

深圳湾滨海休闲带共设计了 12 个主题花园，从 A 区到 C 区依次为：中湾阅海广场、海韵花园、白鹭坡、北湾鹭港、小沙山、追风轮滑公园、流花公园、弯月山谷、日出剧场、婚庆花园、观桥花园和海风运动花园。

1. 北湾鹭港

北湾鹭港是公园的主要入口和休闲区域之一。在沙河东环岛的东侧是公园入口休息广场和鹭港儿童天地；西侧是供游人观鸟、观赏红树林和海景的草地平台以及茂盛的林带；中部则是亲水的鹭港，在这里游人可以观赏在港湾水面上悠游的鹭鸟，而从立交环岛通过的驾驶者和公园路上的市民也可以观赏近距离的水景。

2. 大运会火炬塔广场

位于深圳湾体育中心——"春茧"的中轴线上。火炬塔高 27 m，是深圳湾公园的标志性景观之一。广场上设置了由大运会 logo 抽象而来的圆圈场地，圆圈大小各异，提供灯光、喷泉、坐凳、种植、铺装场地等不同功能，通过融入各种有趣的活动和大运会的纪念元素来提升广场的吸引力。

3. 日出剧场

剧场三面环山，面向深圳湾。由山体包围着的圆形山谷，形成一个自然宁静的圆形谷地。舞台坐落在圆形谷地中间。剧场的主入口设有公共卫生间、演员更衣室等服务设施，以及约 450 个车位的大型停车场。主入口设有宽阔的阶梯将游人从山脚的入口广场引到山顶的小广场。游人可在这里登高远望，也可以沿两侧的步道顺山脊而下到达剧场中理想的位置。

4. 潮汐花园

位于日出剧场和婚庆花园之间，是公园较狭窄的部分。花园紧靠望海路，其水系与深圳湾相连。花园内设一个小型潮汐湿地，供游人安全地近距离了解潮汐生态。潮汐湿地随深圳湾一起潮涨潮落，水中的岩石时隐时现，岩石上雕刻的有关海潮的诗句随着落潮逐渐显示出诗的全貌。潮水退去时，小股水流追随潮流而走，发出悦耳的声音。弹涂鱼、招潮蟹等潮汐动物在退潮后的滩涂上非常活跃，人们可以沿湿地中的栈道穿行，观察它们的形态，了解它们的生活习性。

5. 婚庆花园

花园的中央是圆形的"月光花园"主景广场。主景广场的尽端是伸入海面的水上婚庆礼堂，两侧是一系列的户外婚庆和聚会空间。小型聚会空间由植物和遮阴休息亭围合，采用自然材料的软质铺地，花树环绕，是人们在婚礼前后聚会庆祝的场所。

6. 绿道

公园中的绿道长达 9 km，将深圳湾公园与外部的华侨城、大南山等景区有机地串联起来。绿道的铺装全部采用环保生态型的透水混凝土材料，使雨水迅速渗入地表，还原成地下水，使地下水资源得到及时补充，体现了循环经济和生态环保的理念。

（三）风景园林建筑小品

深圳湾公园的休息亭、观景平台、景观廊架等建筑小品采用统一的景观语言，粗犷的毛石，简约的空间处理，与自然海岸风光和谐共生。在婚庆花园，设计采用不锈钢钢架，将分隔每一个独立聚会空间的休息亭和滨水景观柱相连，形成连续的门廊景观，在统一滨海动态活动空间和近山静态景观的同时，又丰富了沿线的空间体验。

（四）植物配置

绿地设计分为生态林和风景林两部分。生态林以生态恢复为主，不鼓励游人进入；风景林为游人提供休憩空间。植物种类的选择遵循生态恢复、乡土树种优先、突出地方特色的原则，优先考虑植物的抗风性和耐盐碱性，以地带性滨海植物为骨干，如榄仁树（*Terminalia catappa*）、黄槿（*Hibiscus tiliaceus*）、银叶树（*Heritiera littoralis*）等，适当选用蜜源植物和招鸟植物，如大花五桠果（*Dillenia turbinata*）、铁冬青（*Ilex rotunda*）等，并在重点地段运用棕榈科植物体现南国特色，如银海枣（*Phoenix sylvestris*）、椰子等。

四、实习作业

（1）草测婚庆花园中央的"月亮花园"主广场平面。

（2）总结深圳湾公园采用的生态技术。

（3）观察市民在深圳湾公园的主要行为活动。

（徐　艳编写）

【深圳市中国科学院仙湖植物园】

一、背景资料

仙湖植物园位于深圳市东北的梧桐山国家级风景名胜区内，东倚深圳第一高峰梧桐山，西临深圳水库，占地约 675.65 hm²。始建于 1982 年，1988 年正式对外开放，是一座集植物科学研究、物种迁地保存与展示、植物文化休闲、学术交流以及生产应用等功能于一体的多功能风景型植物园。目前收集和保存植物万余种（含品种），其中国家级保护植物 380 余种，在全国 200 多家植物园中位居前五名。2007 年被国家旅游局评为国家 4A 级风景区，2008 年被中华人民共和国住房和城乡建设部评为"国家重点公园"。

仙湖植物园由孙筱翔先生主持规划设计，确定了园名、性质、内容、园址和提出总体设计初步方案，由孟兆祯院士主持总体设计，白日新教授和黄金琦教授分别负责园林建筑设计和结构设计。

二、实习目的

（1）认识植物之美，识别南亚热带植物，了解其观赏特性、生态习性和配置方式。

（2）了解风景型植物园的选址原则与规划设计布局方式。

（3）了解风景型植物园与综合性植物园在总体布局与设计手法上的区别。

（4）了解植物园中不同专类园内的植物造景手法及空间组织形式。

三、实习内容

（一）总体布局

仙湖植物园分为门区、天上人间景区、湖区、庙区、化石森林、松柏杜鹃景区六大景区，建有芦汀乡渡、山塘野航、竹苇深处、别有洞天、玉带桥、十一孔桥、龙尊塔、听涛阁、两宜亭、揽胜亭、桃花亭等十几处园林景点和 18 个植物专类区。天上人间景区中，有形态各异的植物花卉，还有妙趣横生的"别有洞天"等景点。湖区主要由棕榈区及仙湖四周各景点组成。庙区内，有岭南最大的寺庙——弘法寺。化石森林景区由古生物博物馆和室外专类园两部分组成。

植物专类区包括阴生植物区、沙漠植物区、孢子植物区、裸子植物区、药用植物区、水生植物区、竹区、蝶谷幽兰、苏铁园、珍稀树木园、木兰园、棕榈园、百果园、紫薇园、罗汉松园、市树市花园、彩叶园等。

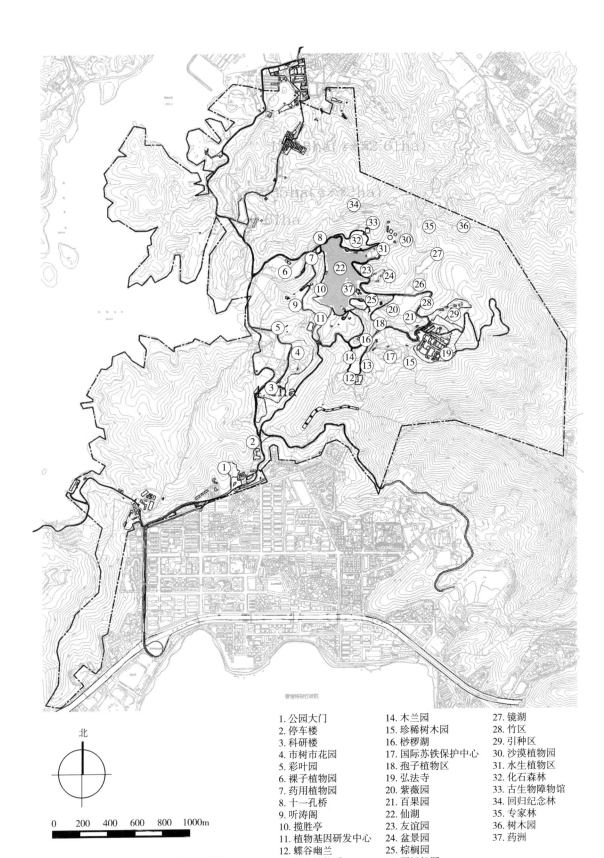

北

0 200 400 600 800 1000m

仙湖植物园平面图（深圳北林苑提供）

1. 公园大门	14. 木兰园	27. 镜湖
2. 停车楼	15. 珍稀树木园	28. 竹区
3. 科研楼	16. 桫椤湖	29. 引种区
4. 市树市花园	17. 国际苏铁保护中心	30. 沙漠植物园
5. 彩叶园	18. 孢子植物区	31. 水生植物区
6. 裸子植物园	19. 弘法寺	32. 化石森林
7. 药用植物园	20. 紫薇园	33. 古生物障物馆
8. 十一孔桥	21. 百果园	34. 回归纪念林
9. 听涛阁	22. 仙湖	35. 专家林
10. 揽胜亭	23. 友谊园	36. 树木园
11. 植物基因研发中心	24. 盆景园	37. 药洲
12. 蝶谷幽兰	25. 棕榈园	
13. 阴生植物园	26. 罗汉松园	

（二）园景

仙湖植物园在规划设计手法上采用了东方古典写意山水园的造园手法。同时，又吸纳了西方大地景观的艺术思想，巧妙地利用了生态造园技术和新材料，从而将植物园打造成仙山禅境般的诗意园林。植物园依据《园冶》相地篇中所说之"相地合宜，构园得体"的设计手法，从选址和构园这两方面入手，认真勘察、计算，通过筑坝拦水、积山之溪，于山之隐处将原本说"仙湖"却"无湖"的场地现状，改造成为如今群山怀抱的"仙湖"。将中国古典造园手法"因地制宜、随势生机、巧于因借、精在体宜"作为设计指导思想，把山环水抱的湖区作为全园主景区，在景观视线良好的近水区、山腰和一些小山头设置亭、台、楼、阁，建立景观控制点。在观景点处，内观秀丽仙湖，远借浩渺水库、巍巍群山，最终达到了"极目所至，晴峦耸秀，绀宇凌空"的景观效果；再因山构室，就水安桥。同时，以"仙湖"为中心，将各植物专类园融入湖区周围的山谷之中，并通过各级道路系统把各景点、景区、植物专类园有机地联系成一个整体，组成一座以内聚型为主，兼顾外向型空间类型的写意自然山水园。

1. 国家苏铁种质资源保护中心

仙湖植物园自1988年开始收集苏铁类植物，1994年建设了苏铁园，2002年12月18日正式挂牌成立"国家苏铁种质资源保护中心"。该中心面积达3 hm²，园区建有喷泉、万年亭等景点，开设了苏铁类植物科普展览室、古苏铁林、苏铁盆景园及苏铁苗圃等。至今，该中心已经收集了澳大利亚、美国、越南、荷兰、墨西哥、日本、俄罗斯以及中国的广西、广东、福建、海南、云南、四川等地苏铁类植物共计3科10属240余种。世界上几乎所有的苏铁都在这里扎根。经过多年的发展，该中心已成为集科研科普、迁地保存、旅游及生产于一体的多功能的国际苏铁迁地保育中心。

2. 阴生植物区

阴生植物区建于1991年，面积约5000 m²，按植物的生态特性和科属，集中栽培了蕨类、景天科、秋海棠科、爵床科、大戟科、天南星科、百合科、竹芋科、凤梨科和兰科1000多种耐阴植物。其中以蕨类和天南星科植物占多数。蕨类植物有古代的孑遗种——松叶蕨（*Psilotum nudum*）和起源古老的濒危植物桫椤等100多种。天南星科植物主要收集了原产热带美洲或热带亚洲的具观赏价值的种类，如喜林芋属和花叶万年青属等属的种类60多种。该区备受国内外参观者的喜爱，是植物园重点的植物展览区之一。

3. 蝶谷幽兰

蝶谷幽兰位于天上人间景区腹部，占地约7208 m²，右临阴生植物专类区，背倚木兰园和珍稀树木园，是一个集观赏、收集和科研为一体的兰科植物专类园。设计在保留场地原有生态环境的基础上，完善了适合兰科植物生长的各种生

境条件，向游客展示兰科植物在野生环境中的生长状态。

该园分为蝶之演绎、蝶恋花、兰谷寻幽 3 个观赏区。蝶之演绎区包括活体蝴蝶展示区和两个扇形的蝴蝶标本馆：活体蝴蝶展示区主要是向游客展示蝶蛹、羽化过程、成虫状态及其生活环境等；扇形标本馆主要展示各种蝴蝶标本和关于蝴蝶的科普知识。蝶恋花区为蝶谷幽兰景区的主体，展示姿态优美的兰属植物、花朵奇特的兜兰属植物、花叶俱佳的虾脊兰属植物以及株形可爱的石豆兰属植物等，配以生长在石灰岩地区特有的天然吸水石和造型奇特的树桩上的附生兰花。兰谷寻幽区为地势较高的木栈道和沟谷区域，主要集中观赏各种附生兰花，此区域散射光充足，空气湿润，地面腐殖质丰富，温度适宜，沿着木栈道而上，听着潺潺溪水自然流淌，可以欣赏到两边各种兰科植物以及其他植物的自然生长状态。

4. 棕榈园

棕榈园位于仙湖之东岸，面积约 3 hm²，始建于 1986 年，2013 年实施了景观提升。园区以中央草坪为核心区，草坪上分布有邓小平、杨尚昆和刘华清 3 位国家领导人的手植树，约 60 属 150 余种棕榈科植物，按椰类、棕类和葵类分类布置在中央草坪两侧，整体景观空间错落有致、疏密相间，椰风葵韵，具有浓郁的热带风光。棕林溪谷、椰林石滩和珍品观赏区，通过植物和不同景观元素的组合，为游客营造了可赏、可玩、可学的复合景观空间，真正将植物科普与风景观赏有机结合，切实体现了仙湖风景型植物园的定位。该园已成为仙湖植物园游客最集中、最受欢迎的专类园。

5. 化石森林区

化石森林区由古生物博物馆和室外专类园两部分组成，面积约 1.23 hm²，建筑面积 2050 m²。收集引进了来自辽宁、新疆和内蒙古等地的硅化木 500 多株。迄今，仍是世界上唯一一座大型迁地保存的化石森林。

化石森林通过溪流、草地、砾石、岩石和岩生植物的设置烘托植物化石，选用苏铁（*Cycas revoluta*）、罗汉松、南洋杉等植物，用"活化石"与真化石的对照体现自然的变迁。

古生物博物馆主要展示植物化石和古生物标本，以塑石手法塑造建筑的外立面，屋顶种植草本植物，塑石间点缀灌木，将建筑融入周围山坡环境之中。建筑内部采用现代设计手法，创造简洁、理性的展览空间，与室外的自然式风格形成对比。馆内利用化石、图片、多媒体技术等丰富的展示形式，以系统完整且易于理解的方式解释了地球上生命的进化过程。

6. 水生植物区

水生植物区位于仙湖的西端，占地约 0.3 hm²，始建于 1983 年，由展览区和品种园两部分组成。前者有深水区、浅水区和湿生区之分，分别栽种了 20 多种

（品种）花色各异的睡莲、荷花、克鲁兹王莲（*Victoria cruziana*）以及千屈菜科、泽泻科、莎草科等水生植物。

品种园是水生植物培育繁殖、科学研究基地，建有荷花品种池 400 个，睡莲池 50 个，保存从武汉、广州、南京等地引种的水生植物 41 科 68 属 400 种（含品种）。重点保存莲科、睡莲科植物，其中保存'中山莲''大洒锦''冬红'等荷花优良品种约 200 个。

7. 沙漠植物区

沙漠植物区位于水生植物区东侧，是以仙人掌及多肉植物为主的园区，由一组风格各异的温室群组成，占地面积约 11 000 m²，建有 3 个大型展览温室和 3 个生产温室。植物展示分温室内和温室外两个部分，温室外主要展示深圳可露地种植的沙漠植物；展览温室分为美洲馆、亚洲馆和非洲馆。美洲馆主要种植仙人掌科植物，共 600 多种（含品种）；亚洲馆主要种植芦荟科植物，共 140 多种（含品种）；非洲馆主要种植球根类植物，共 300 多种（含品种）。

8. 孢子植物区

1997 年 4 月，仙湖植物园利用幽溪、静逸沟和逍遥谷 3 条沟谷的自然条件，建设孢子植物区，总面积 20 多亩。这 3 条沟谷分别用于收集潮湿区、湿润区和半湿润区的蕨类植物。沟谷内常年的溪谷流水及茂密的阔叶林形成了典型的热带雨林景观。

园区重点对中国本土热带和亚热带地区蕨类植物进行迁地保护性引种。分别从海南、广东、广西、云南和湖南等地引种蕨类植物 1000 多种。其中，近 200 种种植在孢子植物区。

9. 裸子植物区

裸子植物区建于 1992 年，面积约 17 hm²，包括松柏杜鹃植物观赏区、裸子植物系统园以及热带和亚热带裸子植物迁地保存中心 3 个部分。园区内建有揽胜亭、听涛阁、植物学家雕像园等。

热带和亚热带裸子植物迁地保存中心保存着从全国各地引种的裸子植物。迄今已引入裸子植物 12 科 37 属 140 余种（变种），其中国家级和省级保护植物 40 余种，按郑万钧系统分类种植，具有观赏与科普教育的双重功能。

10. 药用植物区

药用植物区西北与无忧路相连，南与松柏路相邻，始建于 1997 年，2000 年正式对外开放，2016 年改造提升时将面积扩大至 3.31 hm²。园区以围绕李时珍雕塑的岩石台地为构图中心，依据《本草纲目》中对植物的分类进行景观布局，形成三大园共 10 个功能区，分别为木部（阴生药用植物区）、草部（草本药用植物区）、果部（木本药用植物区）、菜部（芳香药用植物区）、谷部（水生及藤蔓药用植物区）、沼生及湿生药用植物区、珍稀濒危及岩生植物区、民族特色药用植

物区、主入口景观区、次入口景观区。目前已收集种植来自华南、西南、华中、华东等地区的药用植物154科516属600余种。

11. 木兰园

木兰园建于1991年，位于天上人间景区内，东至天池登山道左侧，西至两宜亭沿公路以上、防火线以下的山体，面积约200余亩。园区大致分为四大片区，即木兰属区、木莲属区、含笑属区和杂交苗木区。引进木兰科11属130多种，其中有国家保护的珍稀濒危植物20多种。

12. 桃花园

桃花园位于化石森林景区东侧，占地约2 hm²，建成开放于2000年。栽植有绯桃、碧桃、毛桃、寿星桃、'白山'碧桃、'迎春''红垂枝''探春花''黄金美丽''南山甜桃''华光'油桃等桃花种类。还种植福建山樱花（*Prunus campanulata*）、梅等蔷薇科观花植物。"山桃红花满上头"是春节时桃花园的真实写照。漫山遍野桃花盛开的同时，深红色的、粉色的樱花，白色的梅花和李花也相继绽放，争奇斗艳，吸引了成千上万的游客前来观赏游览，"花如海，人如潮"，蔚为壮观，成了春节仙湖游园的最佳去处。

13. 紫薇园

紫薇园位于棕榈园的东侧，是以展示紫薇的姿态美、季节美、意境美为主要目的，同时兼顾紫薇属植物的培育、研究为一体的观赏游览型植物专类园。园区设计以植物、现状地形为主题设计元素，追求"空"的、留有"余地"的景观意境，营造出自然惬意而又秩序井然的景观环境。

14. 罗汉松园

罗汉松园西接专家林，北临植物园天然水体——镜湖，南靠竹区，与弘法寺相望，面积约65 684 m²。设计以"松影禅境"为主题，旨在打造一个集游赏、展示、科普、科研于一体的主题园区，以松、竹、石为景观要素，营造素、雅、秀的园林意境。罗汉松园分三大功能区：松影禅境游赏区、引种保育区、镜湖游览区，设置了悟松庭、禅松别业、禅松池、智松园、仁松园、理松台、义松径、信松苑等景点。园内植物以罗汉松和翠竹为基调树种，搭配少量能显示季相变化的开花和色叶植物以及其他禅宗的五树六花，如荷花、'鸡蛋花'、文殊兰等，共同营造宁静、古朴的禅意空间。园内建筑，包括园门和水榭，均采用纯木结构，屋面采用苏州小青瓦，打造出古朴、素雅的汉唐风格。

（三）风景园林建筑小品

整个园内建筑风格为古典园林式，采用了中国北方皇家园林的风貌，园内大小建筑穿插，组合方式多样，既有建筑面积近15 000 m²的弘法寺，也有园林建筑群构成的盆景园、竹苇深处等景点，并建有别有洞天、两宜亭、玉带桥、龙尊塔、听涛阁、揽胜亭等十几处园林景点。除此之外，植物园也有独具特色的仿生

建筑——古生物博物馆。

（四）植物配置

在公共园林区，重点考虑植物与地形、植物与环境的融合。如主园路两侧多为山体坡地，主要选择深圳地区的乡土树种栽植于路缘，山体坡地多以乔、灌相结合的形式进行种植，以防止山体滑坡和水土流失。在仙湖湖区周边栽植成片的落羽杉，通过树形与湖面的对比，枝叶的质感与背景山体的对比，秋色叶的红与山林的绿的对比，突出表现湖区空间的广阔。

专类园区植物配置主要以展示植物品种的形态特征、生长环境为目的，植物选择突出专类园特色。例如棕榈园以草坪为底，通过栽植错落有致、疏密相间的棕榈植物表现浓郁的热带风光，营造乔木——大草坪的简洁空间，为游客提供树下活动场所。孢子植物区的植物种植充分结合地形特征，通过乔、灌、草结构的复层式植物种植，烘托、营造阴生谷地风情，同时高大乔木的密林式种植为下层植物创造了合适的引种环境。

四、实习作业

（1）分析仙湖植物园与北京植物园、杭州植物园在布局和设计手法上的区别。

（2）草测化石森林局部。

（3）草测植物园植物配置局部 2～3 处。

（曾雨竹 编写）

【翠竹公园】

一、背景资料

位于深圳市罗湖区翠竹路 1078 号，北临太宁路，西、南分别与翠竹路、东门路接壤，东临水库新村等生活区，总面积约 45.13 hm²。

1996 年 9 月，市政府成立公园筹建办公室，暂定名为大头岭公园。1999 年 8 月，市编委办批准正式定名为翠竹公园。1997 年 8 月，市规划国土局划定公园用地红线，由中外建深圳园林公司进行总体规划，1999 年 5 月市规划国土局批准公园总体规划。2001 年公园建西大门景区，并于 2002 年 5 月建成向市民开放。

二、实习目的

（1）学习翠竹公园对场地原始地形和植被的处理手法。

（2）学习北入口广场在高差与边界处理方面的手法、特点。

（3）了解南方和北方竹类主题公园景观设计手法的差异，重点了解岭南地区竹文化、竹景观的表现手法。

三、实习内容

（一）总体布局

整个公园以山地丘陵为主，多山头，坡势较陡，最高峰位于公园南部，海拔 153.24 m。公园在东、南、西、北 4 个方向均设置了入口，与周边的城市街道相连接。全园分为六大功能区，即延山迎宾区（西大门景区）、引泉听琴区（琴韵竹径）、花坡蝶舞区（北大门景区）、畅襟远眺区（山顶主景区）、森林浴神区（南大门景区）、健身休闲区（东大门景区）。其中北大门景区的景观采用现代景观的设计语言，其他景区则采用传统城市公园的设计手法。园区通过环山步道和登山道有机串联各景区、景点。

（二）园景

公园在保护原有山体及林木的基础上，以竹文化为主题，贯穿全园表现竹子的观赏性、文化性、科普性、功能性等，以观赏型、环保型、保健型、知识型、生产型、文娱型植物进行种植分区，建成以山林野趣为特点、以竹为基调、以城市山林生态景观为特色的植物主题公园，被深圳市民誉为"竹类大观园"。整体景观风格为岭南特色、客家风情。

1.北大门景区

北大门景区——翠竹公园文化广场位于北入口，太宁路一侧，面积约 6870 m²。该用地原为临近一个住宅区的开发残余剩地，由于区域规划控制，不

深圳园林

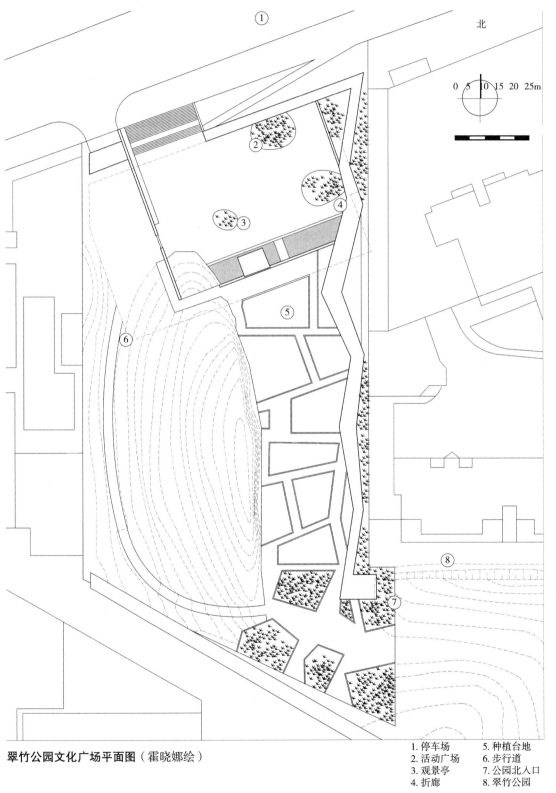

北

0 5 10 15 20 25m

翠竹公园文化广场平面图（霍晓娜绘）

1. 停车场   5. 种植台地
2. 活动广场   6. 步行道
3. 观景亭   7. 公园北入口
4. 折廊   8. 翠竹公园

能用作商业或居住用途，只能作绿地。后经政府参与协商，该开发商同意将这片地用作城市公共空间，连接到公园计划新建的北入口。作为补偿，政府同意在公共广场下面为其建设 50 个停车位。该项目 2005 年由 URBANUS 都市实践设计，2009 年建成开放。

基地形状不规则，由北至南坡度高差有 13 m，设计分三大部分：①毗邻北部街区的公共文化广场，底部是停车场；②一条折线形开放长廊连接下方的广场和山顶的公园北入口；③在场地东侧的山坡与长廊间设计一系列梯状种植台地。

（1）广场

广场高出街道地面约 3 m，三面由多孔墙砖包围。墙上这些开孔为下面的停车场提供通风和采光的同时，将人的视线引到墙外其他园景之中。南面墙体边沿，一个亭子浮于一片浅浅的水体之上，随白昼时间移动映射出变幻有趣的光影效果。这个半开放的广场采用了传统中式园林典型的庭院形式，广场上遍布的竹岛群为孩子们提供了捉迷藏、做游戏的地方，也为老人围合出下棋、打太极拳以及音乐表演的场所。西墙的开口处，一条面山开放的廊子伸入墙后寂静的庭院，供人们饮茶冥想。步行道从这里穿过树林延伸到山顶新的公园入口处。

（2）折廊

从广场庭院东北角出发，一条折线形开放长廊蜿蜒于山边，通向山顶。长廊顺着原有的挡土墙而建，满足了市民遮阳避雨的需求。既可以遮挡从公园里看过去不雅观的墙体，同时又最大限度地保留了长廊以西的景观空间。折线形廊子与墙之间形成一系列三角形空间，重新界定了公园的东侧边界。竹、花和树通过这些空间界定形成一幅幅中国画，行走于折廊中，步移景异，这种系列性的空间体验正是中国传统园林的精髓所在。

长廊的内部材料采用了暖色的木材，给人的亲切感。相反，外部的材质则采用灰色的钢材和混凝土，使其成为公园的背景色调，并明确建筑的从属地位。

（3）台地

沿山体逐级抬升的长廊，将狭长的坡地切割成各种形状的种植台地，这些"田地"可以栽花种草，甚至种植农作物，为吸引公众来参与社区绿地的创建与维护提供了场地。沿着台地向上，最后到达一片竹林，在这里，长廊的尽头变作开放的回廊，正是极佳的观景之处，但见竹影婆娑、风光旖旎。从这里转左，便到公园的北门了。

翠竹公园文化广场是从开放空间到隐秘空间的自然过渡，对"自然居"这一中国传统文人雅士所追求的理想生活方式做出了一种空间上的阐释，也为城市居民创造了一种精神回归的空间体验。

2. 园路

环山步道全长约 2 km。途中有一组数十米长的巨型浮雕壁画，表现了各种

与竹子有关的人物和典故,如郑板桥、竹林七贤、青梅竹马等。雕刻的人物形象栩栩如生,十分传神,颇具震撼力与感染力。

公园内规划了6条登山道,均以竹子命名,分别为紫竹路、斑竹路、泰竹路、方竹路、琴丝竹路和甜竹路,互相贯通,条条道路通山顶。

(三)风景园林建筑小品

公园内设置了各类仿竹构筑物,或以竹为题材的大型壁画、景观墙垣、石阶书经,以及与竹有关的雕塑小品等,通过各种直接或间接的方式突显岭南竹文化特色。

公园在登山道不同观景点建有供市民休憩或展示竹文化的亭廊,如溢翠亭、鸣翠亭、荟萃亭、翠涛亭、清韵亭和翠怡亭等,以及竹影廊、竹音廊和竹香廊。位于山顶主景点的荟萃亭,亭高3层,亭子的四柱镶有两副对联。一联曰:"修竹虚心千年绿,奇花照眼一时红"。似乎在告诫人们要像竹子一样,谦虚低调,方可一绿千年。另一联曰:"海以宽容盛日月,竹因虚节拂清风"。阐释了做人应该如海似竹,虚怀若谷。

园内的标识系统中缺乏系统的植物解说铭牌,作为竹类主题公园,科普宣传及教育方面的配套设施稍显不足。

(四)植物配置

全园以竹为基调树种,共种植观赏竹100多个品种,约1万余丛。在山麓较平缓园区及西大门景区,以不同品种的竹营造丰富的特色竹景观。登山游览区则主要以原有山林植被及林相改造形成的地带性植被为主,竹丛点缀其间,整个山体呈现南亚热带常绿阔叶林面貌。同时公园通过营造多条竹路,如金竹路、甜竹路等,将竹主题贯穿全园。

山体植被以地带性植被为主,建园初期进行了林相改造,种植有木棉、荔枝、凤凰木、南洋楹、白兰、红花荷等多种园林树种,已形成了群落结构丰富的亚热带常绿阔叶林。

四、实习作业

(1)试选择3种竹景观空间,草测其种植平面图,分析其配置特点。

(2)草测北入口折廊及广场,分析其空间尺度关系。

(3)观察公园各时段人群的使用,分析公园布局如何结合周边社区的使用,对公园使用人群及使用方式进行归纳总结。

(王予婧 编写)

【福田中心区南北中轴线景观】

一、背景资料

福田中心区北依莲花山，南眺深圳湾，以横贯深圳市东西的主干道——深南大道和与其垂直交叉的南北中轴线为基本骨架，由平行于深南大道的滨河大道、红荔路及垂直于深南大道的彩田路、新洲路围合而成，面积约 413.86 hm^2。

深圳经济特区总体规划（1985—2000）明确提出，福田区以南北向景观轴（中轴线）及东西向交通轴（深南大道）构成的"十字"轴为中心区的清晰的公共空间景观视廊。

1998 年，日本建筑师黑川纪章在李名仪／丘廷勒建筑事务所方案的基础上，遵循生态与信息共生的哲学观念，对中轴线城市设计进行深化，采用功能空间层次设计手法，提出了地上 1 层（商业）、地下 2 层（商业和停车，直接与地铁站相连通）、屋顶绿化的复合型绿化轴。

1999 年，中心区城市设计及地下空间综合规划国际咨询中，德国欧博迈亚公司在黑川纪章复合型绿化轴的基础上，增强了中心广场的整体性和步行系统的连续性，增加了南中轴两侧的水系设计。

2002 年，中心区中心广场及南中轴景观环境设计国际咨询中，株式会社日本设计以"城市与自然的崭新结合"为主题，运用风景庭院化的手法，在绿色满载的生态环境里，创造出一个满足城市的各种功能、体现中国传统文化和深圳特色的多样化的空间。

经过历次规划建设过程的调整，最终确定的中轴线长 2 km，宽 250 m（市民广场 600 m×600 m），占地面积达 53 hm^2（不含天桥）。

二、实习目的

（1）了解中轴线的景观特征和整体空间布局手法。
（2）学习营建复合型绿化轴的设计手法。
（3）了解华南地区屋顶花园常用的植物。

三、实习内容

（一）总体布局

中轴线以深南大道为界，分南、北两个部分，南中轴主要为商业区，北中轴主要为行政文化区。中轴线从南向北依次为会展中心、皇庭广场、怡景中心城、市民广场（南）、水晶岛、市民广场（北）、市民中心、中心书城，是一条人车分

流轴线、多功能轴线、立体复合轴线、文化轴线。

（二）交通轴线

中轴线通过建立公交主导、步行优先、人车分流的交通策略来解决人多车多、交通混杂的问题。在人车分流体系中，通过天桥、屋顶平台等向轴线周边地块延伸，形成了中心区人车分流的2层步行大系统。

深圳地铁的线路和站点在中心区4km²范围内布置最密集。中轴线在地下空间连通广深港高铁福田站，并与6条地铁线（1号、2号、3号、4号、11号、14号线）在地下直达或连接换乘，是迄今为止国内汇集轨道线最多、规模最大的城市交通枢纽。

中心区地面常规公交，正在按规划逐步实施。中心区内最大型公交枢纽站位于会展中心北侧相邻地块，并与地铁1号、4号线换乘站（会展中心站）直接接驳。

中心区最大规模的公共停车库设在中轴线地下1～3层，车库总建筑面积26万m²，地下车库与轴线上下各层商业、地铁车站、屋顶步行广场等有效连接，公众的可达性很强。

（三）多功能轴线

中轴线一层及地下空间汇集了商业、文化、地铁车站、公交枢纽、地下车库、公共广场、屋顶步行体系于一体，充满生机与活力，是深圳迄今为止包容功能最多、规模最大的公共空间，从南到北的使用功能规划布局合理，满足市民的文化、休闲需求，也符合政府的行政管理需要。

中轴线屋顶将市民休闲空间与政府仪式空间相结合，市民休闲空间主要集中在南中轴，仪式空间主要集中在北中轴。

南中轴地上1层的商业与餐饮、地下3层的大型商业与公共停车，以及沿中轴线的地铁出入口、公交枢纽站、地下停车库等密切结合，采用步行通道与地铁站、公交站、屋顶休闲广场等便捷连接。北中轴中心书城（地上1层、地下1层、屋顶步行广场），功能为文化、商业、车库，与地铁4号线少年宫站连接，两侧4个文化公园通过室外楼梯与屋顶步行广场连通；市民广场（北）为大型礼仪庆典广场，地下设2层车库，地铁4号线市民广场站可直达市民广场。

（四）立体轴线

中轴线充分利用地下与地面、屋顶的复合空间，为市民提供商业、交通、文化、休闲等配套服务，避免其成为"中央绿带"或夜间成为"死城"。

公众活动在屋顶层完全不受限制，24h日夜通行；地面层、地下层除市民中心和会展中心的建筑室内受到一定限制外，商业空间在营业时间开放，其余都为公共大厅、广场、通道等，公众可以自由通行。

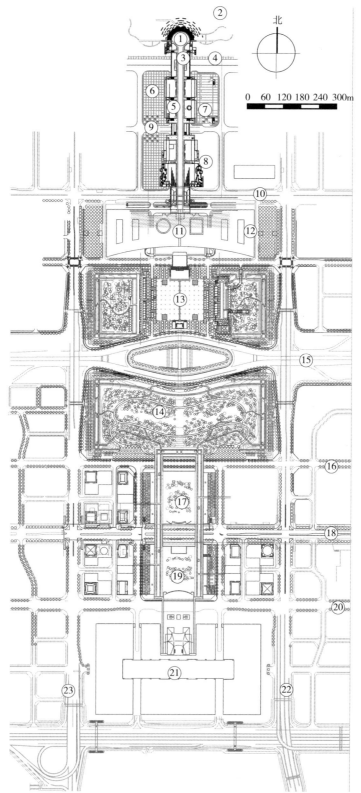

北

0 60 120 180 240 300m

1. 莲花山公园入口广场
2. 莲花山公园
3. 市民中心二层平台
4. 红荔路
5. 中心书城屋顶花园
6. 中心书城广场
7. 中心书城北区
8. 中心书城南区
9. 福中一路
10. 福中路
11. 市民中心
12. 深圳博物馆
13. 市民广场（北）
14. 市民广场（南）
15. 深南大道
16. 福华一路
17. 怡景中城屋顶花园
18. 福华路
19. 皇庭广场
20. 福华三路
21. 深圳会展中心
22. 金田路
23. 益田路

福田中心区南北中轴线景观平面图（深圳北林苑提供）

（五）景观轴线

中轴线是一条由建筑屋顶和过街天桥组成的空中景观轴线，轴线"地面"相对标高为 6 ~ 8 m，从莲花山到会展中心的二层步行平台全部连通，沿线由不同高度建筑界面构成不同尺度、不同视觉效果的景观空间实现了轴线的连续性空间序列，使中心区空间具有整体形态的秩序感和空间美感。

中轴线沿线景观点包括中心书城、市民中心二层平台、市民广场（北）、水晶岛、市民广场（南）、怡景中心城等。

1. 中心书城屋顶花园

屋顶花园长 360 m、宽 90 m，为整体平坦的序列广场，两侧绿化丛中配有座椅等休憩设施。该屋顶花园通过红荔路天桥北接莲花山公园，南达市民中心，两侧视线跨越"诗、书、礼、乐"4 个小型文化公园，即可观赏沿北中轴两侧排列的 4 座文化建筑（图书馆、音乐厅、少年宫、规划展览馆）。

2. 市民中心二层平台

中轴线穿过市民中心建筑连接这个二层平台（长 150 m，宽 40 ~ 160 m）所形成的 4 个内立面起到了北中轴"景窗"作用，北望莲花山山顶广场，南望中心城及周边著名建筑物，如平安国际金融中心、大中华国际交易广场等。

3. 市民广场（北）

广场平均长 640 m、宽 250 m，其中硬质地面广场长 230 m、宽 210 m，两侧为绿地和地铁、车库出入口。北广场是举行各种庆典、升旗仪式和集会的广场，视线开阔。

（六）植物配置

基于中轴线行政、商业、文化、休闲等复合功能，植物配置中选择简洁大气、体现南亚热带滨海城市风情的植物，如大王椰子、小叶榄仁（*Terminalia mantaly*）等。中轴线上的绿化多为屋顶绿化，水、光、温、气等生长条件特殊，植物选择了生长缓慢、耐修剪、抗风、抗旱、耐高温、须根发达、根系穿刺性较弱的植物，以低矮小乔木、灌木、地被、草坪和攀缘植物为主，有部分屋顶种植区域的覆土厚度达 2 m，可种植结构层次丰富的植物组团，主要应用了黄槿、黄槐、大花紫薇、'鸡蛋花'等。

四、实习作业

（1）请结合中心区南北中轴在功能、形态、文化三方面的特征，谈谈你对福田中心区南北中轴线景观的认识。

（2）草测市民广场，分析其空间尺度关系。

（王　威编写）

【荷兰花卉小镇】

一、背景资料

荷兰花卉小镇的前身为南山花卉世界，位于深圳市南山区的中西部，北环大道与深南大道交汇处，东接中山公园，西靠宝安中心区和前海片区，总面积约 $15 \times 10^4 \, m^2$，分二期建设完成。该项目是为迎接在深圳召开的第 26 届世界大学生运动会，是深圳南山区政府开展的街道综合改造提升项目中的重点内容。

其一期工程南山花卉世界，于 2011 年 8 月完工开园，深受市民欢迎，将原本单一的花卉市场改造为特色主题花卉精品公园，更好地发挥了公共绿地的功能。二期工程前海公园面积约 $8.3 \times 10^4 \, m^2$，以休闲游憩、停车功能为主，于 2013 年春节开放。荷兰花卉小镇现已成为一座有南山特色的、集休闲观光、城市应急避难、赏花购花、花卉销售、信息交易于一体的花卉主题公园，成为南山特色文化街区的重要组成部分。

二、实习目的

（1）了解荷兰花卉小镇与普通花卉市场在功能复合、风格和市场定位等方面的区别。

（2）学习改造提升类项目对基址原状的分析判断及重新定位的思路，分析其如何充分利用原有条件以实现景观及功能的提升、转变；并与新建项目设计流程及思路进行对比学习。

（3）学习多功能特色主题园在布局、功能、小品、建筑风格等方面的营造手法。

（4）学习建筑对新材料、新技术的运用。

三、实习内容

（一）总体布局

在对原有道路、水体和植被进行景观提升的基础上，公园以滨水休闲区、花卉展示区及花卉交易区作为景观主体结构，以集销售、信息、交易、休闲观光于一体的活动中心作为景观设计重点。结合现状情况和公园定性定位，形成别具风格的公园布局——北"展"、中"街"、南"店"。北"展"——公共休闲区（滨水休闲区），以提供休闲场地、花园材料展示、园艺科普展览为主；中"街"——互动共享区，以异域小品、特色经营的各色店铺打造风情步行街，同时以街为载体，以花为媒介，定期开展一些"花文化"主题活动，如国花展、切花展、年花展等，是管理者、经营者、消费者交流互动空间；南"店"——

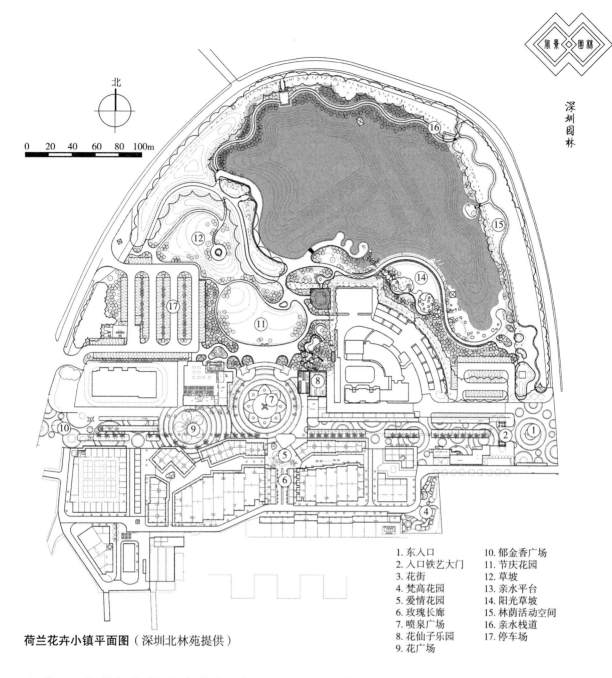

北

0　20　40　60　80　100m

1. 东入口
2. 入口铁艺大门
3. 花街
4. 梵高花园
5. 爱情花园
6. 玫瑰长廊
7. 喷泉广场
8. 花仙子乐园
9. 花广场
10. 郁金香广场
11. 节庆花园
12. 草坡
13. 亲水平台
14. 阳光草坡
15. 林荫活动空间
16. 亲水栈道
17. 停车场

荷兰花卉小镇平面图（深圳北林苑提供）

经营区，提供各种造园材料供市民挑选，并由相应专业工作室提供技术咨询服务。在这里，市民可在北"展"区，现场观摩学习，中"街"区咨询交流分享，南"店"区开心采购，回家学以致用，让花成为市民生活的一部分，市民园艺水平逐步提高。

（二）使用者需求分析

公园充分挖掘现有使用者与潜在使用者的需求特点，如市民休闲的需求、消费者的需求、经营者的需求、城市管理者的需求等，通过适宜的设计，为场地设计有别于单一花卉市场的复合功能。公园围绕"花元素"主题，打造集科普、展览、休闲、观赏、经营于一体，有特色主题的荷兰欧陆风情小镇。在这里可以赏

花、买花、学习花文化、品花茶、尝花宴等，充分将休闲购花需求与中国观赏园艺结合起来，营造出花中有景，景中看花、赏花、买花的高档休闲氛围。

（三）项目改造提升手段

1.尊重现状，重组空间布局

设计对原花卉市场升级改造，从经营管理角度将园区分为休闲配套区、鲜花售卖区和园艺服务区，改变了原花卉市场的空间布局和围合方式。其中最有特色的是将原街道空间重组为步行街，设置街心广场、郁金香喷泉池、沿街小商业，增加突出花卉主题的各类店铺。重点位置重点改造，如景观塔改造、出入口部分放置风车；完善商业休闲空间，增加配套功如餐饮咖啡、酒吧等，设计一定数量的城市家具，提供休闲空间。

2.原有建筑利用及改造

保留原有建筑主体结构，对屋顶和外墙材料进行更新及替换。屋顶采用蓝灰色调瓦顶，外墙刷彩色漆，采用荷兰当地建筑手法，营造荷兰风情街区氛围。风格和色彩上与新建建筑协调一致，用最节省的办法达到最好的效果。新建建筑立面外墙使用了新型装饰挂板，挂板有仿木纹等各色图案，色彩丰富，线条清晰明快，具有欧美流行的乡村感。

此外，还广泛运用新材料、新技术，如柔性石材、GRC（玻璃纤维增强混凝土）、纤维水泥板、仿石涂料、LED灯、电脑控制激光切割钢板等。

3.植物景观提升

荷兰花卉小镇运用多种绿化方式，如绿地绿化、悬垂绿化、屋顶绿化、围墙绿化、窗口绿化、装饰绿化等。设计根据建筑物的特征采取相应的绿化方式，如街区建筑物的平顶型屋顶采取屋顶绿化，种植喜光、耐冲刷的草本植物；围墙和一般建筑物的墙壁，采取围墙绿化，种植薜荔等攀缘植物；步行街则根据场地特征，保留原有行道树大王椰子，并通过花坛、花钵、花池等栽植形式，采用装饰绿化，种植龙船花、叶子花（*Bougainvillea spectabilis*）等花色艳丽的植物，烘托欧式花园风情，与建筑风格相辅相成。同时打造特色花园，如花博馆、梵高花园、花仙子乐园（儿童花园）、奇异花园、园林材料展示区等。

四、实习作业

（1）分析总结欧式风情的特征，如何在景观、小品、建筑、植物上得到体现。

（2）分析对空间围合、空间特色的形成具有重要影响力的节点、边界及构筑物。

（3）草测玫瑰长廊的平面、立面。

（4）摹写街道空间，速写2幅。

（王予婧 编写）

【华侨城生态广场】

一、背景资料

华侨城位于深圳市南山区，是以居住、旅游、工业为主要功能的城市组团。生态广场原是一个高档居住社区，现已成为华侨城的公共空间主体，位于华侨城的核心区域，北侧为侨城西街，西临杜鹃山东街，广场南面为中旅广场，面积约 4.6 hm^2，是华侨城内绿地系统的中心。建于 2000 年，由法国欧博建筑与城市规划设计公司设计。

二、实习目的

（1）学习社区公共空间的设计方法。

（2）了解生态设计的手法、理念和细部设计。

三、实习内容

（一）总体布局

广场南面是中旅广场，底层架空的欢乐谷轻轨干线总站作为广场的主要入口。广场西面与欢乐谷隔街相望，北面是暨南大学深圳旅游学院和燕晗山。广场用最直接简洁的设计语言来反映功能与空间组合，因而形成了设计的两个最基本的出发点，即生态与理性。

广场原始地形为西高东低，设计在西侧保留了原有的坡地作为生态绿地，形成环抱的趋势，既增强了广场的凝聚力，又构建了完整的生态环境。设计以圆形旱喷泉广场为中心向外辐射展开，依地形形成两条主要景观轴线贯穿整个广场。

广场由艾格广场和艾格生态花园两大部分组成，共设计有 6 个小园区，建有 2×10^4 m^2 的 700 位地下停车库以及 1×10^4 m^2 的社区中心，包括酒吧茶室、精品商店、中西餐饮、艺术展廊、健身中心以及社区图书馆等服务设施。广场两端分别连接着居住区与城市公园，非常高效地发挥着它的价值，拥有极强的活力。另外，生态广场里进驻了多家设计公司，高端的设计氛围也提升了该处的文化品位。

（二）园景分区

设计中将景观依据周边地形与使用功能分为人工与自然两大部分，由南向北逐渐从人工演变为自然。人工景区根据原始地形南北高差 13 m 的自然特点，设

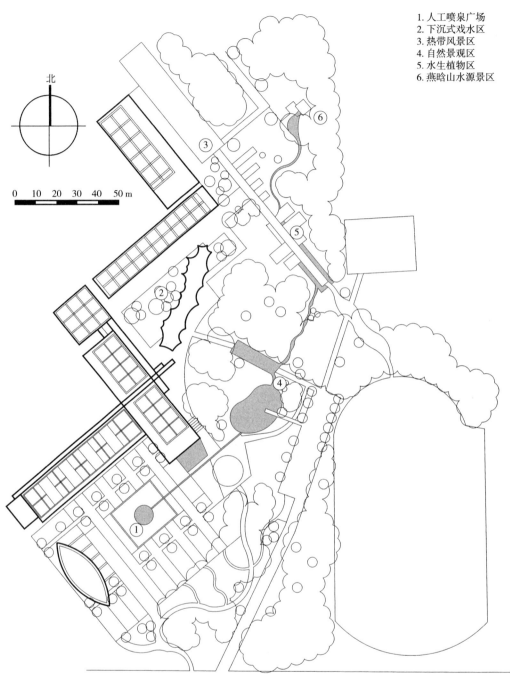

北

0 10 20 30 40 50 m

1. 人工喷泉广场
2. 下沉式戏水区
3. 热带风景区
4. 自然景观区
5. 水生植物区
6. 燕晗山水源景区

华侨城生态广场平面图（霍晓娜绘）

计成 A、B、C 3 个不同标高但有机联系的分区，自然景区根据地势分为 D、E、
F 3 个分区。A 区主要为连接轻轨车站，是整个广场的入口，所以在 A 区中设置
一圆形水池，其中设置直径为 8 m 的雾喷泉。雾喷泉在 12 种组合变化的灯光的
衬托下产生如烟和火的感觉。其后，设置几组旱喷泉，最高喷射高度为 12 m。B

区中主要以膜结构步行廊连接，设置一个木平台，并设有儿童嬉水池、喷泉等。C区是以大王椰子为代表的热带风光景区。D区为自然景观区，以叶落归根的圆形水池为中心，环绕着瀑布和24棵百年榕树。E区由一座通透的玻璃桥串联多种水生植物种植区和各种绿化与休息空间组成。F区是燕晗山的入口，也是广场水系的起点，设计中结合山势，设置了多处水面、叠水、绿化等。

在景观各区中，统一的水系是连接各个分区的纽带，而形成景观性轴线的乔木也将D、E、F区结合成一个整体。

（三）风景园林建筑小品

生态广场周围是多幢现代高层建筑与多层建筑，生态广场本身作为开放型广场，结合了部分商业建筑、社区活动中心与地下车库，因此，广场的构筑物和小品一定要有鲜明的风格，既能体现深圳城市及社区的多元文化，又能融入周围的建筑组群。

D区内的榕树下，有一些黄、白、蓝三色竖条的小柱子，这件名为"波涛之上——地平线"的雕塑作品，是被誉为"当代艺术界的达·芬奇"的法国艺术家丹尼尔·布伦在中国创作的第一件作品。设计者巧妙地将这些小柱子与地形、植物结合，增加了场地的可识别性。这些各具特色的设计元素界定了空间，给人们以深刻的印象，使人们产生"这是我们的广场"的观念，帮助公众建立了归属感和对广场的认同感。

（四）植物配置

设计者在进行植物配植时尊重了场地原有的地形、地貌、水体和生态群落，按照乔灌草相结合的原则，构建了不同层次、不同类型的植物群落，丰富物种多样性，突显了生态广场的生态性。在人工创造的自然式的溪流、池塘和湿地内，种植了大量的水生植物和湿生植物，如再力花、芦苇等，并采用自然式种植，粗放管理，创造了一个与真实自然极其相近的生态环境，吸引了许多生物，如水鸟来到这片场地；在广场与燕晗山交界的地方，应用与燕晗山相同的植物种类，结合景观设计的溪流、跌水，实现场地的自然过渡。

在植物种类选择上，采用和保留了原有植物，引入的植物也是与当地特定的生态条件和景观环境相适应的植物，如鱼尾葵、椰子、凤凰木、黄兰（*Cephalantheropsis gracilis*）、红花羊蹄甲、水石榕、红绒球、葱兰（*Zephyranthes candida*）等。而A区圆形水池两侧，对称布置的4排凤凰木，其开花已成为生态广场的标志性景观。

四、实习作业

（1）总结园区所使用的生态技术并配以实景照片，分析其优缺点。

（2）选取园内较好的植物组团进行草测，并从植物配置方法、景观特点、成景方式、空间尺度、季相变化等方面进行分析。

（3）观察不同时段的使用人群，并访谈 10 位使用者（包含不同年龄阶段），总结其对生态广场的使用评价。

（王予婧 编写）

【欢乐谷】

一、背景资料

欢乐谷是首批国家 5A 级旅游景区，总占地面积 $35 \times 10^4 \, m^2$，总投资 8 亿元人民币，融参与性、观赏性、娱乐性、趣味性为一体，是一座主题鲜明的高科技现代化主题乐园。一期玛雅水公园于 1998 年 10 月建成开业，二期于 2002 年 5 月 1 日正式对外营业。欢乐谷充分运用现代休闲理念和高新娱乐科技手段，满足人们参与、体验的时尚旅游需求，营造清新、惊奇、刺激、有趣的旅游氛围，带给人们充满阳光气息和动感魅力的奇妙之旅。

二、实习目的

（1）学习主题乐园的总体布局结构及景观设计手法。

（2）了解主题乐园的植物选择原则及配置方法。

（3）了解主题乐园的空间细节处理方式。

三、实习内容

（一）总体布局

全园共分九大主题区：西班牙广场、魔幻城堡、冒险山、欢乐时光、金矿镇、香格里拉雪域、飓风湾、阳光海岸，以及独具特色的水公园，有 100 多个老少皆宜、丰富多彩的游乐项目。各主题景区皆具有鲜明的构思特点，以主题故事线索贯穿娱乐设施、景观包装及绿化配置。各个主题区域的有机结合，构成了"欢乐谷"的整体形象。从游乐项目选择、服务设施配置、造型艺术及色彩运用和园区环境设计等方面，均体现了现代科技和全新的休闲观念，构筑了观赏、游玩、参与共容的现代娱乐氛围。

（二）主题景区

1.西班牙广场

西班牙广场是欢乐旅程的起点和终点。广场上轻松活泼的表演和中西美食，营造出一种浪漫、超脱、自由的文化氛围。广场的北侧林立着十几家充满异域风情、特色各异的酒吧，有古朴雅致的品陶居，有体现美国西部风情的印第安吧，还有丽人吧、蓝鹦鹉吧、天蝎吧等。酒吧文化是"欢乐谷"中一道亮丽的风景线。

2.魔幻城堡

魔幻主题空间，集魔幻、娱乐、互动、休闲于一体，以串联的具有魔幻色彩的建筑群为主体，中间穿插绿化和水体。由 20 多个亲子项目构成，以互动为主，

1. 西班牙广场
2. 魔幻城堡
3. 冒险山
4. 欢乐时光
5. 金矿镇
6. 玛雅水公园
7. 香格里拉·雪域
8. 飓风湾
9. 阳光海岸
10. 欢乐剧场

北

0　50　100　150　200　250m

欢乐谷平面图（深圳北林苑提供）

包括丛林水战、疯狂精灵、浪花跳跳等项目。

3. 冒险山

该区再现大山深处的民族特色，弥漫着一种神秘的气息。以山体、瀑布、跌水、溪流为骨架，冠以层次丰富的绿化环境，建筑风格有多民族混合特色。游步道穿行其中。空间分隔多，视觉变化大。色彩以绿色为主调，远景是冷色调，与近景色彩对比强烈。

4. 金矿镇

该区总体表现荒芜、浮躁的氛围，展现淘金狂潮过后留下的场景。全区色彩以土黄色为主调，在金矿小镇色彩变化较为丰富，淘金河区是掩映在绿树之下的暖色调。矿山车站的色彩是在土黄色山体映衬之下的冷色调。

5. 香格里拉雪域

该区构思为神秘莫测的香格里拉森林，营造原始丛林和异域民族的气氛，以假山划分出曲折的空间，种植高大的乔木模拟丛林氛围，建筑和装饰小品则以藏式风格为主。

6. 阳光海岸

该区景观有别于其他主题区域的紧张刺激，以轻松浪漫为基调。体现热带滨海特色，景观建筑以休闲为主要功能，考虑相应的服务需求，体现异国情调。游客有置身于异国小岛海滨的感觉。区内人造水体及"海水"清澈洁净，配合木栈道及其他丛林景观。

7. 飓风湾

该区着力表现"飓风袭击后的海湾"，恶劣天气造成的损坏随处可见。阳光明媚时，在平静的海湾渔村，游客来到海边享受海滩和阳光。景观设计体现主题，并做出合理的功能安排，突出明媚的阳光、和煦的海风、绚丽的花朵。色彩采用亮丽的加勒比色彩。

8. 欢乐时光

欢乐时光位于园区中部，打造成一座19世纪末的繁华欧洲小镇，突显都市之感，一条运河环绕欢乐岛，总长583 m，将中心剧场、西部影城和四维影院等几个主要景点串联起来。

9. 玛雅水公园

玛雅水公园是一个具有浓郁加勒滨风情的主题水公园，演绎玛雅主题文化。营造在一片茂密的丛林中，玛雅文化风格建筑和雕塑与中美洲丛林特有的巨蜥、鳄鱼和鹦鹉融为一体，为游客营造了充满神奇想象的艺术空间。

（三）植物景观配置

欢乐谷的植物景观设计紧密围绕主题公园的总体构思，营造各区的景观氛围。例如，金矿镇为体现美国西部山谷金矿的氛围——荒漠的风格，选择叶子较

为稀疏的大树，门前屋后布置有沙漠特点的花草，水体周边及人流集中的区域处理成沙漠绿洲，树种的选择以枝干清晰、叶片稀疏的品种作为遮阴树，配以仙人掌类中叶子退化以减少蒸发的品种表现沙漠的特点。有些区域处理成岩石园的效果；飓风湾植物以棕榈科等热带植物为主，地被多用喜光的、色彩明亮的花草，体现"加勒比海"风格；冒险山的绿化设计充分利用有限的绿化面积，通过营造层次丰富的群落、立体绿化、屋顶、断墙种植附生植物和水生植物软化驳岸等手段体现"大森林"的生态特点；阳光海岸绿化设计以热带海滨植物为主，营造轻松和谐的滨海生态环境。水中种植水生植物，岛上绿树成荫，密林区的沿岸丛植椰林。其他成组团密植浓荫树种，高地疏林区多留山坡草地，西北角利用地形及密林区分隔空间，做到隔而不断，使铁路沿线偶尔可见休闲区景观。

四、实习作业

（1）总结主题乐园的总体布局结构及景观设计手法。

（2）总结每个主题区域的特色植物及植物配置模式。

（3）实测 2～3 个具有特色的植物群落。

（曾雨竹 编写）

【深圳国际园林花卉博览园】

一、背景资料

深圳国际园林花卉博览园（以下简称"园博园"），位于深圳市福田区黄牛垅绿化带，东接竹子林住宅区，西连警察学校、侨城东路，北靠广深高速公路，南邻深南大道，用地规划面积约 66 hm²，是一个集中外园林园艺花卉展示、大众文化、艺术、建筑、科普、科研、旅游、展览业于一体的大型市政公园，是建设部（现中华人民共和国住房和城乡建设部）及深圳市人民政府共同主办的第五届中国国际园林花卉博览会的举办地，于 2004 年 9 月 23 日正式对游客开放，园博会结束后改为收费的市政公园，并于 2007 年开始，免费对市民开放。

二、实习目的

（1）学习园博园的分区、总体布局、乡土材料应用和地方特色文化表达等内容。

（2）学习园博园选址、布局、借景及与城市山水的关系。

（3）了解"永不落幕园博园"的后续利用方式。

三、实习内容

（一）总体布局

深圳园博园用地被红荔西路分为南北两个片区：南区占地面积 26.94 hm²，为平整的缓坡；北区占地面积为 39.22 hm²，主要为丘陵山地，由大岭南山、牛垅山等 5 个小山峰组成，地势由西向东渐低，主峰高 113.7 m，山北为谷地。

园区总体规划本着"人与天调、天人共荣"的理念，以"自然·家园·美好未来"为主题，利用原址自然地貌，营造出一个依山傍水、自然优美的总体环境，园内建成一塔、两馆、三桥、四湖、六园，共完成建设工程 45 项。塔，名为福塔，高 52 m，位于园博园的最高处，为一座九层八角的仿木构砖塔，成为园博园的标志性建筑。

园博园主要的基础工程建筑集中在南区，共有 7 项大工程建筑，构成园博园的主体骨架：综合展馆、园林花卉展馆、游客管理服务中心、南北区 2 个游客服务中心、半地下停车场、露天表演舞台。园博园的规划，将大场地分割成小的展览点，小面积中又争取大空间的效果，在有限的空间范围内创造出有层次、有深度、丰富多变的园林环境。整体布局开合有度、虚实互映、似分非分、观之不尽，顺地理、重实效。

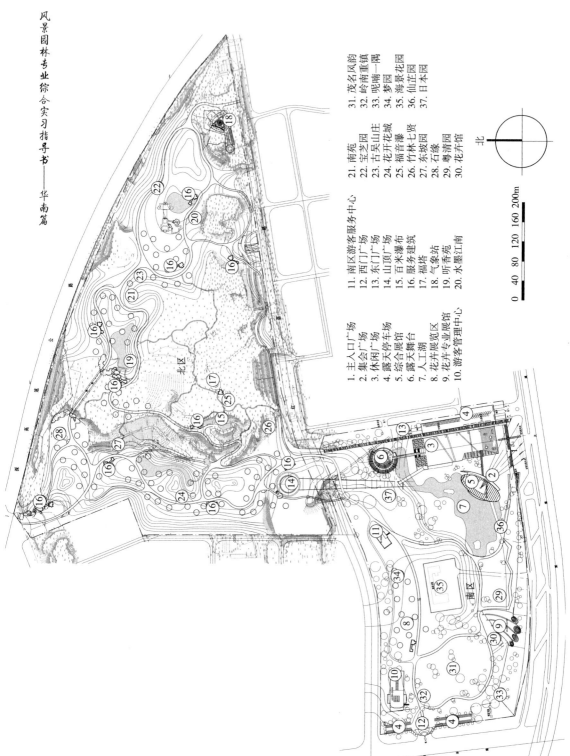

1. 主入口广场
2. 集会广场
3. 休闲广场
4. 露天停车场
5. 综合展馆
6. 露天舞台
7. 人工湖
8. 花卉展览区
9. 花卉专业展馆
10. 游客管理中心

11. 南区游客服务中心
12. 西门广场
13. 东门广场
14. 山顶广场
15. 百米瀑布
16. 服务建筑
17. 福塔
18. 气象站
19. 听香苑
20. 水墨江南

21. 南苑
22. 宝芝园
23. 古昊山庄
24. 花开花城
25. 福音馨
26. 竹林七贤
27. 东坡园
28. 石缘
29. 粤清园
30. 花卉馆

31. 茂名风韵
32. 岭南重镇
33. 呢喃一隅
34. 梦园
35. 海景花园
36. 仙芷园
37. 日本园

北

0 40 80 120 160 200m

园博园平面图（深圳北林苑提供）

150

漫步园中，从南至北，经 4 个流线自然的人工湖，水面总面积 25 180 m²，整园给人以画馆楼台、轩榭山石、流水潺潺、诗情画意的境界，并与来自各地格调迥异的特色园林景点点缀色彩缤纷的园博园。

（二）主入口

园区设置了 4 个主要入口：南入口（总面积约 29 367 m²）、西入口（总面积约 2253 m²）、北入口（总面积约 4158 m²）、北区南入口（总面积约 1210 m²），分别位于东南西北 4 个方向，既方便来自四面八方的游客就近进出，又能起到分散人流的作用。园博园主展馆与主入口位于南侧深南大道的城市景观轴上，从而使福田与南山两区著名景点相连成片、按序承接，强化城市景观。

（三）主要展园布置

园博园的园林作品中反映最多的是地方风情，还有世界各地的园林风情也荟萃其中，代表性的展园主要有：

（1）两场两馆

迎宾广场、天海广场、花卉馆、综合馆。

（2）三塔三茅

福塔、东坡塔、杭州西湖雷峰塔、肯尼亚茅屋、印尼巴厘茅屋、森斯茅屋。

（3）四湖四院

映翠湖、鸣翠湖、揽翠湖、汇翠湖、粤清园、江门情浓五邑庭院、宝安庭院、古吴山庄。

（4）五泉五园

音乐喷泉、济南趵突泉、惠州东坡汤泉、尼泊尔圣泉、汇芳园雾泉、荟萃园、鸣翠园、汇芳园、听香苑、南苑。

（四）园路设计

园路规划分为 4 级：一级车行道（宽 5.5 m）、二级车行道（宽 3 m）、园区步行道（宽 1.8 m）、展园步行道（宽 1.5 m）。园路自然蜿蜒，贯通了全园的每一个角落。

（五）地形改造

园博园在地形调整中，借鉴了颐和园后山后湖的改造方法："略师其意，就其天然之势，不舍己之所长"，通过土方调整、还谷回坡，形成幽静山谷，借凹地开池沼，北片截水成溪，汇水后形成东面的花溪和西面的香溪，分别代表着东西方文化。山与水的紧密结合，互相陪衬，相得益彰，不仅为参展单位提供设计源泉，也为整个园区风景描绘出靓丽的一笔。

（六）双重功能设计

园博园规划之初，就充分考虑到可持续利用的问题，赋予了地块园博会会址及市政公园双重功能。因此对展出期与休展期功能的使用方面做了规划，如各参展景点在休展期增加茶舍棋艺等活动内容，满足城市居民日常休闲活动的需要；园林花卉造型展区在休展期为园林花卉贸易区；室内花卉展厅以后成为园林学术交流中心；特色植物展区在休展期成为特色植物栽培基地。园博园成为市政公园后，能够保证园内足够的休闲绿地、足够的人流集散空间、足够的活动场所；临时性的展点功成身退，永久性的展点将转变成城市公园景点。

（七）风景园林建筑小品

大型建筑由综合展馆、园林花卉展馆、游客管理服务中心、南北区 2 个游客服务中心、半地下停车场、露天表演舞台组成，建筑总面积 24 592 m²。

园区内园林建筑主要包括"三塔三茅"，即福塔、东坡塔、杭州西湖雷峰塔、肯尼亚茅屋、印尼巴厘茅屋、森斯茅屋；"六桥六亭"，即博览桥、欢乐桥、映翠桥、南苑曲桥、听香苑木桥、万馨园单柱桥、知乐园八角亭、西安亭、南京亭、济南亭、马鞍山亭、市花园凉亭；以及分布在园博园东、南、西、北 4 个区室外众多的园林艺术小品。

（八）植物配置

园区内地形变化丰富，有山有水，为植物提供了良好的生长环境。公共展区以地域性乡土植物为骨干，统一全园的植物景观风貌。同时，以特色植物营造分区景观风格，如西区以旅人蕉科、姜科植物为主，体现热带风情；东区和北区则集中展出了盆景植物和造型植物，展示园艺发展水平。园博会结束后，部分展园已进行景观改造，如日本园内增加了山茶专类园，提升了展园的吸引力。

四、实习作业

（1）分析深圳园博园规划选址、山水构架及其布局。

（2）研究荟萃园、鸣翠园、汇芳园、听香苑、南苑等展园的植物配置手法，分析总结华南地区植物造景特色。

（3）选取 2 个展园，分析总结岭南园林与江南园林的风格差异。

（4）草测南苑平面图。

（李坤峰 编写）

【欢乐海岸】

一、背景资料

欢乐海岸位于华侨城南部填海区，占地面积约 125 万 m^2，与深圳湾公园、福田红树林鸟类自然保护区形成一个整体的生态区域。其北临深南大道，南接滨海大道，西邻沙河东路、深港西部通道，东依侨城东路，白石路横贯其间。是集文化、生态、旅游、娱乐、购物、餐饮、酒店、会所等多元业态于一体的都市娱乐目的地。景观设计由美国 SWA 景观设计事务所和深圳市北林苑景观及建筑规划设计院联合完成。

欢乐海岸依海而建，以水相连。总体规划按照场地特点，将欢乐海岸划分为南、北两个区域：南区为都市文化娱乐区，占地面积约 56.5 万 m^2；北区为北湖湿地公园，占地面积约 68.5 万 m^2。北区以生态保护和生态修复为主，已有单独介绍，本案例只着重介绍南区。

二、实习目的

（1）学习欢乐海岸所采用的城市商业化与地域自然生态环境相结合的景观规划设计模式。

（2）学习欢乐海岸的建筑设计、景观设计、室内设计、灯光设计、水景设计等设计方法，并了解相应的施工工艺。

（3）学习滨海主题商业区的植物配置方法。

三、实习内容

（一）总体布局

南区由中心湖区、欢乐海岸购物中心、曲水湾、椰林沙滩区、度假公寓等功能区组成，并以区域内自然环境资源为依托，形成各具特色的主题发展模式。

（二）园景

针对都市文化娱乐区的商业、娱乐特性，在景观设计上采用开阔的走廊、特色广场和滨水步道相结合，连接各个功能分区，为游客与市民创造出极其丰富的多样化体验和感受。同时注重空间变化、灯光效果营造、室外家具选择、雕塑小品设计、植物品种选择等以及实际施工铺装细部拼缝、各种材质颜色搭配等细部处理。

1. 特色景观入口广场

位于东南角的 OCT 狂欢广场结合南面的商业环境设计了百米大型旱喷广场、

北

1. 文化广场
2. 休闲广场
3. 龙舟广场
4. 零售广场
5. 前湖休闲广场
6. 港口
7. 景观桥
8. 台阶
9. 标志性建筑
10. 雕塑喷泉
11. 圆形剧场
12. 通风口

0   40   80   120   160   200m

欢乐海岸平面图（深圳北林苑提供）

火红的树形雕塑、大王椰树阵等，吸引了大量游客驻足。

位于东北角的 OCT 创意广场，利用浅色简洁流畅的条形石材铺地、特色互动水景、灯光将游人引导进入场地。

2. 购物中心屋顶花园

购物中心由美国 LLA 及深圳建筑设计研究总院担纲设计，总建筑面积约 7.8 万 m^2。其屋顶花园近 3 万 m^2，是华南地区最大的空中花园，尽享深圳湾一线海景。规划设计了蓝楹坊，遍植蓝花楹，花开时，花雾如荫。

3. 曲水湾

"曲水邀欢处，羽觞随波泛。"曲水湾位于南区东部，以"找回深圳消失的渔村"为故事主线，采用独栋环水街区式布局及"现代都市商业＋历史文化渔村"交融组合概念，用近 1000 m 蜿蜒水系和 7 座景观桥串联起区域内的特色建筑群落，形成小桥流水、庭院步道、绿树簇拥、碧水环抱的现代岭南文化渔村建筑风格，集中展示深圳创新城市建筑艺术。

曲水街以"临水独栋＋外摆空间＋穿街水道"的开放式空间组合，营造出小桥流水、枕河听橹的诗情画意。建筑立面以灰色调青砖为主，辅以仿木的钢架结构和有机竹木建材，既强调其文化特质，又得环保节能之效。

4. 椰林沙滩区

椰林沙滩区位于南区南部，与购物中心隔湖相望，沙滩延湖岸由东向西延伸，沿岸遍植椰子、老人葵、酒瓶椰子等棕榈科植物，营造热带滨海风情。

（三）植物配置

南区以有限的绿地营造出舒适休闲的商业空间。在主要节点以冠幅饱满、姿形优美的大规格乔木点缀成组或孤植出现，局部布置开红花的植物，如美丽异木棉、凤凰木、红花鸡蛋花（*Pumeria rubra* 'Acutifolia'）、鸡冠刺桐等，渲染热闹喜庆的商业氛围。会所植物设计主要以玉兰、杜鹃花、木芙蓉、山茶、紫薇、石榴为主题植物，形成主题植物园中园，营造四时花开不断的植物景观。屋顶花园以香花和紫花系列植物，营造闲暇轻松的观景或使人驻足的植物环境。

四、实习作业

（1）分析欢乐海岸项目在规划设计中如何体现海洋文化。

（2）总结欢乐海岸如何运用景观设计手法，实现主题商业空间的特色营造。

（3）总结欢乐海岸人群的主要行为方式及其与景观的关系。

（王　威编写）

【华侨城湿地】

一、背景资料

华侨城湿地位于欢乐海岸的北区，东临锦绣中华景区，西望世界之窗景区，北靠中国民俗文化村，南接白石路，远眺深圳湾公园，占地面积约 68.5 hm²，其中水域面积约 50 hm²，于 2012 年 5 月 17 日正式开园。它是国家二级保护鸟类——黑脸琵鹭等珍稀鸟类的栖息地，拥有逾 4×10^4 m² 的红树林湿地景观，其开发与建设是在城市化进程中寻求自然保护和城市发展平衡的一种方式，也是与深圳湾红树林自然保护区密切相关、互为补充的鸟类自然保护地。

其设计以"保护、修复、提升"为总原则，具体设计原则如下：①保护现存自然植被和动物栖息环境；②通过增殖等方式建立更多的植被和动物栖息地，提升整体环境质量；③通过生态旅游和相关科普导识牌的方式，进行寓教于乐的生态旅游公共教育；④通过限制性的公众可达性设计，在公园内提供与湿地保护可相容的游览活动；⑤湿地公园可作为生态实例模式，向社会和公众证明可持续发展和土地平衡发展的模式价值；⑥所有新增和改造项目均以低调融入环境的姿态进行，多使用自然材料。

从 2007 年开始，经过长达 5 年的"保护性修复"，通过截污、清淤、生态优化、补种植被等生态修复工程后，华侨城湿地已经成为城市中心绿肾，成为深圳全新的"生态名片"。

二、实习目的

（1）了解保护区生态系统保育的概念与重要性。

（2）了解城市湿地公园生态修复及景观提升的主要技术措施及手法。

（3）学习基于生态保护考量的限制可达性交通及场地的规划布局。

（4）了解以营造和保护生境为目的的植物配置方式、空间营造手法。

三、实习内容

（一）总体布局

华侨城湿地的建设目的是在保护现有自然林地、沼泽和水生植物的基础上，尽可能地为公众提供观赏体验。其总体布局围绕大水面展开，环湖的游赏道路尽量靠外围布置，与湖岸保持一定距离，并通过合理的植物群落加以隔离，减少人类对现有生物群体的干扰；在适当区域设置隐蔽的观鸟点，确保游人在观赏学习湿地生物群落的同时，尽可能不对园区内的生物造成干扰；完善园区其他相关配套设施（生态厕所、医疗服务站等），保证湿地生态系统正常的自我运行。

（二）园景

华侨城湿地以生态保育与科普为立园宗旨。园景通过环湖道路完善交通；在观赏效果较好、科普价值高的区域合理设置观景平台与构筑物，呈现给游人自然野趣的美景。

1. 主入口

主入口大门原设计为白色，为与湿地整体定位相呼应，用垂直绿化将其包裹，且易于维护、美观大方。

2. 环湖路

环湖路围绕大水面展开，与湖岸保持一定的距离布置，以尽量减少人的活动对鸟类的干扰。道路材质以碎石为基础，表面为透水混凝土，体现生态环保、低碳的理念。

3. 亲水平台

园内设有 3 处造型独特的亲水平台，其选址综合考虑了较好的观景效果与低环境干扰。平台有的隐没于芦苇荡中，有的漂浮在水面之上，为游客近距离感受湿地、观察湿地提供了有利条件。红树林、芦苇与平台相映成趣。亲水平台视野开阔，是观察滩涂鸟类、湖心鹭岛的绝佳位置。

4. 湖心岛

湖心岛原是深圳湾的一个天然海岛，面积约 6000 m²，原名北鹭山岛，因有白鹭筑巢停留，又简称鹭岛。湖心岛上为原生植被群落，无人类影响的痕迹。岛上不仅鸟类数量丰富，还有许多两栖爬行动物栖息其上，是湿地中真正无人类干扰的"核心地带"，属于湿地保护的核心区，禁止游客进入。

5. 边防岗亭

园区内原有两座历史边防岗亭，设计在保留的基础上，采用圆木等生态材料，对岗亭的外立面进行适当改造，室内还原边防战士的生活场景，使其成为湿地的独特景致，同时再现当年深港边防的历史记忆。

（三）风景园林建筑小品

湿地沿湖分散布置有 5 处木栈桥或木栈道，引导游人赏景观鸟。南北岸共建3 处观鸟塔，隐藏于树林中，提供赏景观鸟的另一种视觉体验。建筑形式采用单坡顶形式，向水面倾斜，与滨水环境相协调。主体结构为木材、钢材等材料，建筑整体显得轻巧、生态，且外立面较为封闭，避免人的活动惊扰鸟类。观鸟屋内有隐蔽的观鸟窗，窗前有此区主要鸟类的图文观赏指引说明。

（四）植物配置

植物种植设计以鸟类保护为导向，营造适合鸟类栖息的生态环境。湖心岛

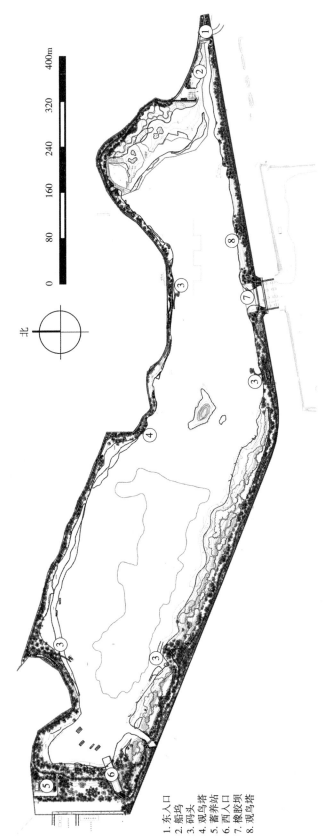

400m

320

240

160

80

0

北

1. 东入口
2. 船坞
3. 码头
4. 观鸟塔
5. 蓄养站
6. 西入口
7. 橡胶坝
8. 观鸟塔

华侨城湿地平面图（深圳北林苑提供）

保留原生植被不动，避免破坏现有鸟类的生活环境；近水岸以恢复红树林群落为主，种植红树和半红树植物，如桐花树（*Aegiceras corniculatum*）、白骨壤（*Avicennia marina*）、秋茄（*Kandelia candel*）、木榄（*Bruguiera gymnorrhiza*）、黄槿等，培育底栖生物，为鸟类提供食源；陆地区构建茂密的树林以隐藏园林建筑和人的活动，并根据鸟类的生活习性，控制湖岸树林的高度和密度，在东南面选用较低矮的植物，使之成为"鸟类的起飞跑道"。环湖路两旁选用冠大荫浓的植物，如榕树等，遮掩人的活动，减少对鸟类的干扰。园区边界以乡土植物复层种植，形成防护隔离林带，降低周边城市活动对园区的干扰。

四、实习作业

（1）总结华侨城湿地采用的生态技术。

（2）总结华侨城湿地以生态保护为导向的交通系统分级规划。

（刘　鹏编写）

香港园林

【南莲园池】

南莲园池工程于 2006 年中完成，当年 11 月向公众开放，并于 2012 年 11 月入围《中国世界文化遗产预备名单》。这一时期正是探索新式园林风格的高峰期。

一、背景资料

南莲园池占地 3.5 hm²，位于香港九龙半岛的中心，坐落于钻石山脚下，以狮子山、慈云山、飞鹅山等为背景，西邻荷里活广场，毗连地铁站，南至龙翔道，东达斧山道，坐北朝南，远迎东九龙地区。它与北侧的志莲净苑佛寺建筑群相隔一条繁忙的城市干道——凤德道，这是志莲净苑的前园。原址为木屋区，内有高差 5 ~ 6 m 的 3 层台地，地下埋有城市排水管道，地表杂草丛生，荒木凄凄，是一处被污染的废弃地。随着城市的发展，在原木屋区域之外，商坊鳞次栉比，各种道路纵横交叉。

20 世纪 80 年代，香港政府为改善居民生活环境，重新规划钻石山区，将木屋区规划为公共园林性质的城市绿地，并确定以山西省新绛县唐代园林——绛守居园池为兴造蓝本。绛守居园池始建于隋开皇十六年（596 年），唐定名为绛守居园池，经唐、宋、元、明、清历代 1400 多年的沧桑变化。绛守居园池性质为衙署园林，其造园立意有 3 点：①宜上德之地——皇权统治的代表；②莅兆民之所——官吏地位的象征；③溉田贯州（引水入园）造福百姓，"人与天调，天人共荣"。

绛守居园池是目前中国唯一有实地可考、有史可证的古园林，其地形地貌与南莲园池用地基址十分相似。

二、实习目的

（1）古式新裁，了解南莲园池以唐代现存古园遗址为蓝本进行现代城市园林营造的造园手法。

（2）在竖向处理和植物群落搭配方面，学习现代园林与城市发展空间相结合的设计方法，学习如何利用城市设施的建造特点营造园林空间。

（3）研究仿唐式园林建筑的结构特点和景点、小品的细部处理，学习园林设计与历史文化、科学技术和艺术形式之间的结合方式。

（4）学习现代园林表达佛教文化和艺术的园林设计方法。

（5）课余查阅相关资料，学习南莲园池在现代经营管理方面的经验。

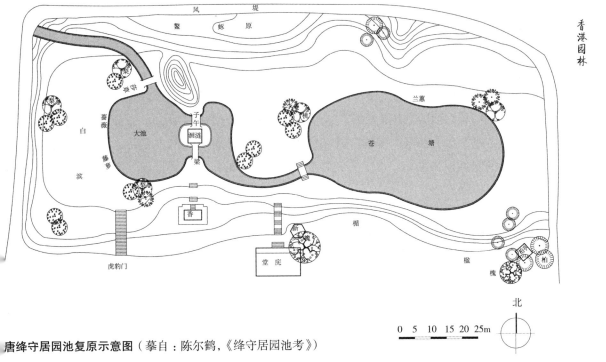

唐绛守居园池复原示意图（摹自：陈尔鹤，《绛守居园池考》）

0 5 10 15 20 25m

北

三、实习内容

（一）立意构思

南莲园池的设计理念传承"天人合一"的文化宗旨，遵循《唐宋八大家》之一柳宗元提出的"因其地、逸其人、全其天"和"虽由人作，宛自天开"的造园原则，弘扬中华民族的文化精神，创建中外艺术沟通的平台，继承与发展造园技艺。市民的休闲需求与佛学心境在园中合为一体，以自然式山水园池为主景，利用原有地形高差和城市空间营造富有层次和变化的绿色空间。

（二）总体布局

南莲园池与绛守居园池非常相似，继承了后者的布局形式和轴线关系，并将佛寺建筑群的主轴线与园池的轴线连接起来，经过莲池、圆满阁，一直延续到南部临街的园界。地形处理、建筑细部、植物配景、景观视线、标识设计、楹联题写、施工建造等都采用佛教文化所喜爱的景致和素材来设计和建造，适应岭南地区的地形气候特点，将佛寺、园池融为一个整体。

1.地形地貌

首先，将主山布置在园池南部，呈现向东南奔趋的动势，筑山以土为主，遍植嘉木，翳然葱郁，秀色可餐，也可阻挡园外城市道路的喧嚣，化有为无。以微地形穿插其间，组织云容水态，形成大大小小的空间。适当点缀山石以壮山势，

163

增添雄浑气魄。园池东面，凭借立体绿化建成的建筑——龙门楼，是园池内的最高峰。山体命名有以方位区分的东山、南山、西山，有以水著称的涌泉山，有以动物形态特征命名的青龙山、鳌髻原，有以特色植物著称的紫薇山、香山、茶山、榆山、槐山、罗汉山、青松山和苏铁岛。

其次，保持水体幽曲顺畅之态，形成大小3处集中水面（莲池、苍塘、浣月池），并与园之山石相得益彰。莲池和苍塘是整个园池的中心，二者之间以松溪连接，水源头为涌泉。安详、朴实的静水是园内水体形态的主要特点，水面的微波涟漪颇具神秘色彩，水中的倒影丰富，与水底的景象交替呈现。纯洁的水代表了神与俗隔离的空间。

全园建有2座各具特色的瀑布：一座是位于莲池西北侧涌泉山上的"涌泉"，有"绕涧琴声听不尽，月明流水曲中弹"的境界；另一座位于东部浣月池旁，依托龙门楼下的素食餐厅建筑外侧的幕墙建成多条瀑布，主瀑布高逾5m，形成水帘和叠瀑，气势宏大。

2. 道路广场

园外环绕着城市干道。西部用地部分位于高架桥下，因势利导，利用高架桥正下方空地布置园池入口的前导空间和机动车停车场，在邻近西北方向的钻石山地铁站处设置主入口区。园内道路以步行道为主，设主环路连接各个景点，路形时而曲折蜿蜒，时而修直和缓，与地形互为依让，与水面或临或离。次、支路上设廊，桥架于水上，与堤、岛、溪、湾共同组景。汀步、踏石随景境而设，增加行走情趣。

寺庙建筑和南莲园池之间存在近5～6m的高差。连接南北两侧的甬道采取了高架桥的形式，跨越凤德道。甬道北端连接寺庙山门建筑，南端采用多层台地广场的形式下降到南莲园池地坪。台地命名为"莲台"，是中轴对称式布局，延续净苑建筑群的轴线，台阶形式为双分环抱式。在中轴线上设置南莲照壁和安放明心灯，明心灯位于台阶起点处。如此，可将建筑群前庭空间扩大，并衔接园池。

回游式园路将引领游人观赏最佳景致。游园路线从园池西侧的正门开始，自前庭向北绕西山，之后沿紫薇路、松南路蜿蜒前行，经水月台而入松东路，又转至松北路到莲台为止，从东北门出园。

3. 植物

全园以乡土植物为主，体现地域特色。以罗汉松为基调树种（净土宗始祖会能曾在东林寺种罗汉松），树形端庄优美，枝叶苍翠，可修剪。植物群落呈片状混交分布，既有利于形成不同的景区特色，又有利于生态保护。乔灌草结合搭配的种植形式，提高了群落的稳定性，掩映成趣。园池植物景观葱郁内敛，很好地展现了佛教内涵，如紫薇山、榆山、苏铁山、香山、榕林、莲池等。

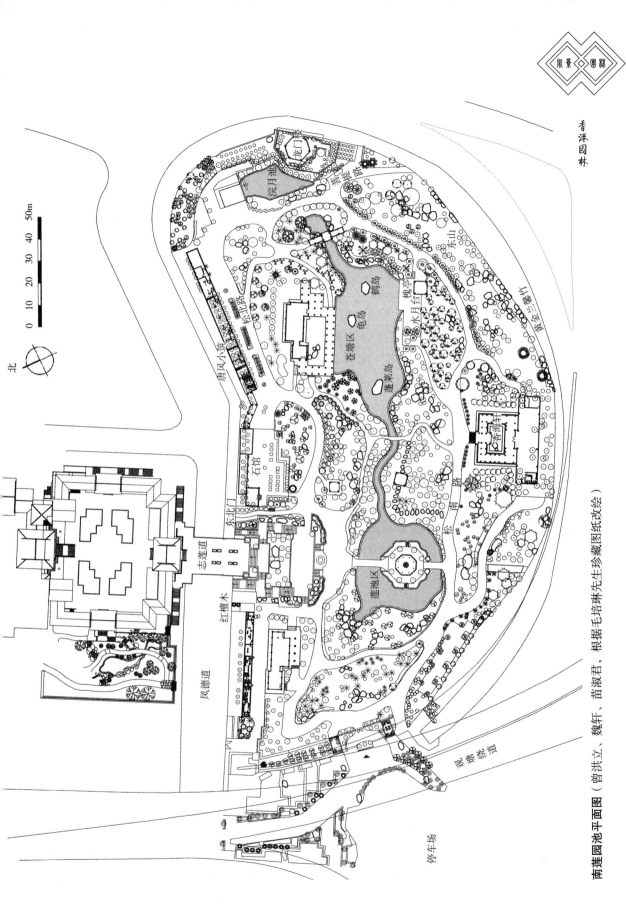

南莲园池平面图（曾洪立、魏轩、苗淑君，根据毛培琳先生珍藏图纸改绘）

植物配景还注意到了功能与艺术的统一：精心安排障景与透视线；塑造天际线与林缘线的变化；巧妙利用色叶树，增加季相特征；关注生物多样性的维护，减少病虫害。

园池内还充分利用建筑屋顶进行多层次绿化，美化公园和城市中的街景。

佛教认为："青青翠竹总是法身，郁郁黄花无非般若。翠竹黄花皆佛性，白云流水是禅心"（海慧禅师诗作）。园池中因此也种植着各类品种的竹和开黄色花的植物。

4.建筑

园池建筑和志莲净苑佛寺建筑群都采用唐式建筑风格，包括门阙、墙垣、牌坊、亭、廊、台、楼、阁、榭、轩、斋、厅堂等多种形式，因境选址，井然有序。屋顶形式有悬山、重檐、攒尖、平顶等，屋面有瓦、琉璃、木板、草束等多种材质。

园林建筑借景而设，或临池，或登顶，与园池中的其他园林要素相结合，构成丰富而精致的空间。置身其中，可俯视、仰眺、远望，景致因时变化。除中国木构建筑艺术馆、圆满阁、松茶榭、香海轩、龙门楼、石馆的规模较大以外，乌头门、草亭、影壁、水车等木构和照壁、明心灯等小品精巧别致。园桥也别具特色，有亭桥和廊桥，还有置石搭建的卧龙桥和青花石砌筑的曲桥。

建筑与地形结合主要有两种形式：一是利用建筑消减园池北部的地形高差，主要位于北邻凤凰道一侧，设置挡土墙和多层莲台，依托挡土墙建成带状平屋顶，建筑正面朝园池方向开启门窗，在屋顶上种植苗木，与道路绿化融为一体，成为街景绿化的延续，建筑功能有总办事处、石馆、唐风小筑等；二是采用掩土建筑的形式，结合混凝土塑山、土山建造高地，用以遮蔽园外的高楼（桥）大厦，减少景观视线的干扰，这类建筑包括园池东北部的龙门楼和香海轩南侧的公共卫生建筑。

建筑结合水体，或临水而建，或凌波而立，或跨溪而筑，各依位置、水面大小、方位朝向来选取建筑形式。在位于佛寺中轴延长线上的方形莲池的中央小岛上，建八角重檐金阁。位于中部大池——苍塘的北侧建松茶榭，长廊卧于水上，池南侧临水建水月台，与松茶榭互为对景。溪流上建亭桥、石板桥、折桥。东北侧浣月池旁建造生活气息浓郁的水车磨房。

5.叠山置石

中国园林妙在含蓄，一山一石耐人寻味。园中叠山置石无不以佛家哲学和佛学著作的情境描述和图画影像为依据，以"象外之景，弦外之音"来塑造山石园景。主要山石景有九山八海、涌泉山、海云石、须弥山、南莲照壁，其中叠山有涌泉山，置石有九山八海等，龙门楼下方采用塑石假山形式，另有多处土石山。园林里摆放着三江石、天鹅石、彩陶石、来宾石、青花石、木化石、六方石和大

化石等造型石，雄浑大气，令人惊叹。

园池的水岸交界处铺以鳞片状排列的白色大卵石石滩，喻示仙池。随后铺陈有棱角的大石，离水面愈远愈大，层次清晰，富有自然情致。池园的主要石材来源于广西红水河和粤北乐昌市境内的武江河、九峰溪流，以及园池原基址内。

（三）园景

1. 乌头门

园池的乌头门在两侧门柱上"髹以黑色陶罐"，具有较高的文化品位与伦理色彩。它饰以莲、日、月、云纹、草纹，细节精美。

乌头门和其内外小广场、古雅小巧的影壁组成的入口被巧妙地设立在高架桥下，并与桥相结合，完成了园内外物质空间的转换，同时也提示了精神空间的转变，意味着隔离复杂纷繁的外围世界，进入清新静寂的佛家庭园。

2. "九山八海"

位于园池入口内，是对景乌头门的叠山，运用中国古典园林"模山范水"的传统摹缩技法建造。以罗汉松为背景，由9块青秀的巨石组成，中央仡立至高之石象征须弥山，四周的8块巨石朝向中央，呈奔趋之势，前后错落布局，微缩表现九山八海的景境，有如梵境里的山水，意境深远。

3. 圆满阁

圆满阁坐落在八角莲瓣形水池的中心，是表面通体贴金饰的重檐八角攒尖楼阁，宝顶饰以精美的摩尼珠，建筑比例匀称，造型端庄秀丽，金碧辉煌，又称金阁。"圆满"的名称和使用的金色都属于经典的佛教元素。

阁与岸的连接由2座丹霞色的木质拱桥完成：北桥取名"子桥"，造型如虹；南桥取名"午桥"，是平桥。"子午桥"有度人、返回天国之意，象征着由此升入极乐净土。八角莲瓣形水池喻指具有8种殊胜功德的水。金阁四周植有罗汉松，水池中种植莲花。罗汉松的庄严、莲的洁净、花的清香、水的灵气和远处的海云石，共同营造出圆满阁的外围环境，仿佛极乐净土的再现。

4. 涌泉山

位于莲池西北侧。此处远闻流水声，可感受"月作金徽风作弦，清声岂待指中弹？伯牙另有高山调，写在松风乱石间"（陈孚，《弹琴峡》）的意境。

5. 香海轩

此处分别使用了79 t和89 t的2块红色砂岩"海云石"组合成景，寓意为大海和天国飘来的彩云。筑四轩于海云石之上，逐级升高，并由回廊围合。通透的轩室以桂花、九里香、硅化木、青花石等为伴。登上轩的高处，便有湖光阁影映入轩窗。在此可感受"桂子月中落，天香云外飘"的意境。

6. 苍塘

位于园池东部，为一池静水，平静、幽深、明亮，暗喻古人"淡泊明志，

宁静致远"的人生理想。池水倒映着山石树木、灵宇飞檐、明月云影，表现出水的灵性和风姿。锦鲤于其中戏水的欢乐，令人联想起《庄子·秋水》里面的哲理故事。

7. 松茶榭

位于苍塘北岸，是信息交流的场所，亦是品禅茶、赏莲园、思人生的人间诗境。廊榭组合，逶迤曲折，围合成中庭，有组织空间、遮阳避雨之用。中庭置石代表岛屿，石下以沙铺地代表大海，沙表面划出波浪形纹路，以此海景的象征来表现阿弥陀佛普度众生的意愿。

8. 亭桥

位于苍塘东侧的溪流上，空间通透、空灵，造型飘逸，既为游客提供休息之所，又分隔了空间。此处通过环境造就意念、诱导视线，增加风景的幽深感和魅力。

9. 智慧亭

龙门楼顶上的唐式木构六角亭形制独特，为园中的制高点。亭内有大钟，悠远的钟声明示世人。登临亭中，可听瀑布流水与钟声形成的浑然天籁，赏全园美景。

10. 水车屋

坐落在浣月池北岸，具有农家风光的独特景致。屋北有茶山，浣月池畔有水轮、石磴、水碓，形成了园中的人文遗产景观。

11. 莲台区

莲台前的明心灯由意大利人设计，造型典雅，且 8 个面分别有与日晷相关的读数。它的设计将日晷这样的古代文明遗珠与照亮人生的智慧之灯相结合，既是一种文明的传承，又从崭新的视角认识传统，以古鉴今。

台中央的山水照壁由多块石头叠置而成，主次分明，组合有致，整体高峻，主石重达 97 t，配置庄严的罗汉松。旁边有"莲溪叠水"，由西向东，喻指龙脉。站在莲台上可感受满耳潺潺，满面凉风，满目千岩竞秀。

12. 琴心斋

位于照壁之后。琴心斋内有一音乐窟，音乐窟置于蹲踞之地下，利用滴水的微力，使在土中埋置的缸产生声音的共振，继而发出音乐般的音响效果。人在蹲下时，常气韵内敛，情绪宁静安详，听到音乐般的清脆的流水声，看到素雅的植物，体验音乐窟荡涤人心灵的音质。这是一种超出原有文化的象征，为东西方园林注目之景。

四、实习作业

（1）南莲园池堪称我国仿唐代园林的杰作，试分析它如何因地制宜地借鉴和

模仿绛守居园池的布局形式和轴线关系，分析唐代园林建筑的特点。

（2）从山水骨架、环境空间、构筑物、绿化配置等角度说明它的设计区别于古典园林、体现现代园林风格的方面。草测方塔庭院，分析其空间尺度关系。

（3）草测水月台、莲台平面。

（4）分析西侧正门入口区的空间关系。

（曾洪立 编写）

（本文的撰写得到毛培琳先生的悉心指导，在此致以诚挚的感谢）

【香港动植物公园】

一、背景资料

　　香港动植物公园（Hong Kong Zoological and Botanical Gardens）是香港最早建立的公园，位于香港岛中环，占地 5.6 hm²，在寸土寸金、高密度的城市环境中是不可多得的城市绿洲，深受都市人及游客喜爱。以前由市政局管辖，后改由康乐及文化事务署管理。

　　因园址在 1841—1842 年曾用作总督官邸，而当时总督也是三军司令。故此，不少人至今仍称动植物公园为"兵头花园"，"兵头"即港督的俗称。兴建香港植物公园的构想早在 1848 年，便由时任港府翻译官郭士立（Karl Friedrich August Gützlaff）于皇家亚洲学会的一个集会上提出，并获得支持，虽其间因政府财政紧张而被时任港督般咸（Sir Samuel George Bonham）押后，最终其建筑工程于 1860

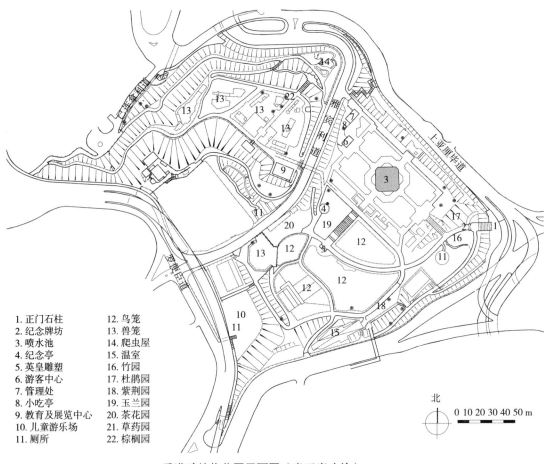

1. 正门石柱
2. 纪念牌坊
3. 喷水池
4. 纪念亭
5. 英皇雕塑
6. 游客中心
7. 管理处
8. 小吃亭
9. 教育及展览中心
10. 儿童游乐场
11. 厕所
12. 鸟笼
13. 兽笼
14. 爬虫屋
15. 温室
16. 竹园
17. 杜鹃园
18. 紫荆园
19. 玉兰园
20. 茶花园
21. 草药园
22. 棕榈园

北　0 10 20 30 40 50 m

香港动植物公园平面图（尚卫嘉改绘）

年展开，并于 1864 年港督罗便臣（Sir Hercules ROBINSON, later Lord Rosmead）主持开幕后将第一期设施开放给市民使用。

公园于 1871 年基本建成，当时名为"植物公园"（Botanic Garden），查尔斯·福特（Charles Ford）在 1871 年被委任为公园首位园林监督（Superintendent of Gardens）。1872 年，福特建议在植物公园设立植物标本室，最终于 1878 年建成，直至 1940 年才因日本占领香港暂时迁往新加坡植物园。而公园在日治时期被易名为"大正公园"，更于 1942 年后期封闭公园以修建香港神社。

公园于 19 世纪 70 年代于雅宾利道扩建香港动植物公园二期，并引入不少哺乳动物与爬虫类作展示，故于 1975 年正式易名为"香港动植物公园"，而公园也开始由单纯饲养动物作展示转为研究动物的繁殖技术，成功繁殖多种灵长目动物。

二、实习目的

（1）学习山地公园规划设计，学习如何利用丰富的地形变化，配合游步道设计，并融入无障碍设施，创造出不同空间层次与序列。

（2）了解香港古树名木的定义及分类，动、植物园分区布局，以及各区种植设计与展示标识系统设计，讨论改造升级的可能性。

（3）学习如何满足使用者多方面需要，通过导赏科普等多种活动，加入保育文化历史等元素，加深使用者深层次的游园体验。

三、实习内容

（一）总体布局

香港动植物公园地处太平山（扯旗山）的北面山坡，最高处海拔 100 m，而最低处海拔则为 62 m。整个公园被花园道、罗便臣道、己连拿利及上亚厘毕道环绕。其中雅宾利道更把公园分为东西两个独立部分，依靠行人隧道连接两部分，公园的东面部分称为"旧公园"，设有儿童游乐场、鸟舍、温室及喷水池平台花园；西面部分是"新公园"，主要是哺乳类及爬行类动物的居所。

早期公园布局可分为下、中、上 3 层。中层有大喷水池，当时称作水景，于公园屡次重建时，均于原地再建水景。19 世纪时，有不少西方儿童、仆人在公园游玩，公园于黄昏时更有西乐演奏。而中层则饲养雀鸟以及建有果园。

1. 风景园林建筑小品

（1）纪念战时华人为同盟国殉难者牌坊

公园正门石阶之上，有一道石牌坊，为纪念两次大战殉难的华籍军人。这也是香港第一座为战争殉难华人而设的纪念物，该牌坊于 1928 年由帝国战争墓地委员会建立，纪念 945 名在第一次世界大战中牺牲的华人。第二次世界大战

期间牌坊受炮火损毁，1948 年港府修复时刻上中英文字，悼念两次大战的华人死难者。中文写着"纪念战时华人为同盟国殉难者"，旁边有"一九一四年至一九一八年"及"一九三九年至一九四五年"的两次大战时间。过去每年 11 月的和平纪念日，有关方面除了在和平纪念碑外，在该牌坊和圣约翰座堂也有献花仪式，向战时死难者致敬，但自 1981 年起三者合并为一，只在和平纪念碑举行。

牌坊造型方面加入中式元素，两条石柱的前后，各有一对石狮子，共 4 只，用来震慑罡气。狮子有独角，口中无珠，与传统狮子不同，属于缅甸石狮的造像，另外 4 只均为雄性，如此安排也不合乎中国习惯，因而引发一些传闻，为这座牌坊增添特色。

（2）英皇佐治六世铜像

现在英王佐治六世铜像的位置原本竖立港督坚尼地（Sir Arthur Edward KENNEDY）的铜像。1883 年坚尼地卸任后，立像为纪念其促成公园全面开放及其对香港的贡献。1942 年日据时期，坚尼地铜像被熔掉作为军备原料。1941 年香港政府计划为香港开埠 100 周年举行庆典并于公园竖立英皇铜像作纪念，但因日军日趋迫近而押后。直至战后的 1958 年，才于原来安放坚尼地铜像的位置竖立英王佐治六世的铜像。

（3）凉亭

在公园之内，同样拥有重要历史价值的，不能不提位于横越雅宾利道的隧道前的"第一亭"。因为此亭也是公园内最古旧的建筑之一，除了亭顶曾经改建之外，其支柱及地台均维持原貌，亭边更有多个展示牌，展示不同年代公园的面貌，让游人在古亭之下回味往日的景况。

2. 交通及无障碍设施

因为公园位置远离港铁车站，难于使用集体运输系统前往，不过这情况在港岛区的景点是常见的。若乘坐港铁前往，出站后的步行距离较远；而且由金钟上花园道或由中环站穿过市区街道，最终均要爬斜路而上，斜路很陡，花园道行人路更要经过梯级。

香港动植物公园共有 9 个入口，公园新旧部分各有一个无障碍入口，旧公园部分设在花园道，设有行人天桥横过花园道，由麦当劳道下车转入花园道便可到达；而新公园部分则设在己连拿利，由坚道明爱大厦前往即可。公园新旧两部分有行人隧道连接，隧道两端也是无障碍设计。

不过因公园建在山坡上，因此公园的斜路较多，而且斜度大，轮椅可能需要别人协助。不过斜路多在旧公园部分，新公园部分相对较平坦。而公园内穿梭鸟舍与兽笼的行人路也是宽阔平坦的石路，故在园内漫步观赏鸟兽与花草时其实很舒适。公园内的儿童游乐场是公园内唯一设有触觉引路径的地方；而公园的教育

及展览中心门前设有斜道，中心内设有障残人士洗手间。公园内的洗手间很多，分别位于儿童游乐场、旧公园部分邻近上亚厘毕道正门与新公园部分面向雅宾利道出口旁的位置，而洗手间除了一般男女洗手间外，均设有伤残人士洗手间，非常周到。整体来说，公园的无障碍设施很完备。

3. 动物笼舍规划

公园自 1876 年已开始饲养野生动物作展览，饲养品种同模式仿效自英国泽西动物园（Jersey Zoo）。用非常原始的建筑物饲养少数雀鸟和哺乳类动物，纯粹供游人观赏。在 19 世纪 70 年代中期展开大规模扩充后，公园更重视饲养繁殖技术，在园内推动各项活动，包括：透过教育、保育、研究计划和展览，促进公众对各种生物的认识和重视；引领公众欣赏各物种与自然共存之道。

过去也有不少世界知名人士以野生动物基金会名义前往公园参观，如爱丁堡公爵菲腊亲王（1983 年）以及英国安妮公主（1988 年）。

公园现时约有一半的地方拨作饲养动物之用，设置了大约 40 个笼舍，合共饲养了约 400 只雀鸟、70 头哺乳类动物和 70 头爬行类动物。

香港动植物公园虽然是让公众最容易接触动物的地方，但这类近乎被淘汰的铁笼囚灵长类的展示方法，动物被迫"蜗居"狭小铁笼数十年，与教育市民保育的作用有些背道而驰，在外国人或游客的眼中，可能更给人负面的印象。近年有专家建议公园布局重新规划，包括"解放"长期困在笼内、状甚抑郁的婆罗洲猩猩，用河流、大树等自然素材分隔人和动物；设有不同主题，动植物、保育、教育"四合一"，兼具本土特色的公园。

（二）种植设计与植物配置

早期的"植物公园"扮演着将西方人从中国采集的未知植物物种出口到邱园以及其他西方植物园的中转站，同时也对香港岛的植林有着重要的影响。相对英国在其他海外属地建立的植物园，香港动植物公园对植物研究的发展相对缓慢，直到 1872 年，福特建议在植物公园设立植物标本室，而最终香港植物标本室于 1878 年在香港动植物公园内建立，直至 1940 年才因日本占领香港暂时迁往新加坡植物园。

香港动植物公园现种植 1000 多种植物，大部份产自热带及亚热带地区。公园南部角落设有药用植物园，而灌木植物则集中在喷水池平台花园，该处设计体现英式园林特色，大量运用色彩斑斓的花卉。在公园东面边缘的温室种植了 150 多个本地及外来的植物品种，包括兰花、蕨类植物、凤梨科植物、攀缘植物和室内植物等。

在种植方面尽量使植物发挥本身的自然美态。公园种植的本地植物有松柏、无花果、棕榈、桉树、玉兰、茶花、杜鹃花及春羽等；而较稀有的植物有水杉、福氏臭椿、红皮糙果茶、大苞山茶（*Camellia granthamiana*）和金花茶；还有形态、

叶形、树皮及果实都非常独特的南洋杉、旅人蕉、王棕、细叶桉及俐伦桃等。此外，公园内经常散发着玫瑰、米仔兰、九里香、桂花、山指甲及白兰的阵阵幽香。一年中，洋紫荆、宫粉羊蹄甲、刺桐、红千层、鱼木、厚叶黄花树、石栗和铁刀木相继开出美丽的花朵。到了秋天，更有枫树及落羽松增添秋色。游人在小径漫步时，便可以欣赏到这些附有标签说明的树木。

1.古树名木

自2004年起，政府在楼宇密集区的未批租政府土地或乡村地区的旅游胜地，选定了近500棵树木编入古树名木册。该名册的树木可按照下列五大准则分类：①大树；②珍贵或稀有树木品种；③古树（如树龄超过一百年）；④具有文化、历史或重要纪念意义的树木；⑤树形出众的树木。

香港动植物公园是欣赏香港的古树名木最集中和最佳的地点。由于悠久历史，不少树木都成为百年古树巨木，加上这里所栽种的植物品种往往是全港最古最稀的。贝壳杉在香港属罕见品种，在园里有一株高近28m，树龄约100年的古树在园中生长，还有其他同属植物如大叶南洋杉、南洋杉、异叶南洋杉、落羽杉等，都生长超过半个世纪。另外，尚有数种香港罕见品种如厚叶黄花树、仪花、福木、药用核果木、山道楝、东方乌檀等，唯一的缺点是并非所有的古树都有名牌，有些生长位置较难接近，加上没有古树名木位置图，想要欣赏这些古树稀木，一定要花时间和精力寻访。最易发现也很具特色的是位处已连拿利入口的白兰，白兰在香港很多地方都有栽种，但香港动植物公园这株却有着"华南白兰王"的称号，因为这树高约35m，估计有百年树龄。

2.专类园

（1）竹园

禾本科植物中的竹亚科，种类繁多，约90属，其中木本约占50属，广布于亚洲热带及亚热带地区以至非洲中部。香港常见的竹类植物约13属60余种。本园栽种有7属20余种。竹生长迅速，有很高的经济价值。竹笋可供食用，视为佳肴。也可用来搭建棚架，制作工具及工艺品。

（2）木兰园

木兰科植物约有13属220余种，分布于亚洲、美洲热带至温带地区。木兰科植物种类繁多，其中包括很多著名的庭园花木，极具观赏价值。木兰属植物是木兰科中的模式属，本园栽种5种木兰属植物，包括夜合花、玉兰、紫玉兰（辛夷）、二乔木兰（*M. soulangeana*）及荷花玉兰。荷花玉兰是当中唯一的常绿乔木，原产于北美，分别在春季及初夏开花。另外，与木兰属相近而在香港常见的含笑属植物有白兰、黄兰及含笑，主要在夏季开花。

（3）紫荆园

豆科的苏木亚科（云实亚科）植物约有160属2800余种，分布于热带及亚热

带地区。羊蹄甲属是本科中的一个大属，本园栽种 8 种，包括红花甲蹄甲、羊蹄甲（*B. purpurea*）及洋紫荆。洋紫荆在 1965 年被选为香港市花，花期为 11 月至翌年 3 月。红花羊蹄甲及宫粉羊蹄甲的花期则分别在 10 月至翌年 1 月及 1 ~ 3 月。

（4）茶花园

小茶科植物约有 30 属 500 余种，分布于热带及亚热带地区。山茶属植物是本科中的一大属。本地常见的山茶属植物约有 15 种。本园栽种的有 30 余种，本地种包括：红皮糙果茶、大苞山茶（葛亮洪茶）（*Camellia granthamiana*）及香港红山茶（*C. hongkongensis*）；罕有的外来种包括滇山茶（*C. reticulata*）、金花茶及显脉金花茶（*C. euphlebia*）。大部分茶花在冬季至春季开花，是很受欢迎的观赏花木。某些品种更具很高的经济价值，茶叶可泡制红茶和绿茶。油茶的种子含油量高，可提炼食油或工业用油。

（5）棕榈园

棕榈科植物约有 220 属 3000 余种，分布于热带及亚热带地区。香港常见的棕榈植物绝大部分是从外地引进的。本园栽种有 22 属，共 30 余种。大多数棕榈科植物都是上佳的园林树种，部分更具有很高的经济价值，可提炼淀粉和食用油。

（6）杜鹃园

杜鹃花科植物约有 50 属 3500 余种，全球分布极广。杜鹃花属是本科的最大属。本园栽种有 10 余种，包括本地野生品种杜鹃花、锦绣杜鹃（*R. pulchrum*），紫杜鹃（*R. pulchrum* var. *phoeniceum*）及白花杜鹃（*R. mucronatum*）。也有一些较罕见的种类，如黄杜鹃（*R. molle*）及毛锦杜鹃（*R. moulmainense*）。杜鹃花通常在早春 3 ~ 4 月间绽放。

（7）草药园

动植物公园的草药园是香港最早建成的中草药园之一，入口挂着刻有"红缬杏林，绿滋药园"的木刻牌匾。在小小的园地内，工作人员搜罗了 200 多种中草药，其中不乏山间稀有品种。康乐及文化事务署正与香港中国医学研究所携手，为草药园增添品种。

（8）温室

在公园东面边缘的温室种植了 150 多个本地及外来的品种植物，包括兰科植物、蕨类植物、凤梨科植物、香花植物、食虫植物、攀缘植物和室内植物等。

（三）教育导赏

香港动植物公园是一个设备完善，能提供在动植物方面的多元化教学的公园。通过举办户外学习活动，香港动植物公园每年为一万名学生提供教育活动，主要目的是推广公园在动植物方面的贡献，并且通过讲解和教育标签的说明，使学生和大众能够对动物、植物、生物多样性及环境方面有更深的认识了解。

为加深游人对香港动植物公园历史和园内动植物的认识，从而增加观赏乐趣，公园免费提供导赏服务。

四、实习作业

（1）草测景观小品入口纪念牌坊、纪念亭。

（2）举例说明树木研习径、标识系统、古树名木。

（3）调查喷泉平台区的植物配置（花坛、花境）。

（尚卫嘉 编写）

【香港嘉道理农场暨植物园】

一、背景资料

香港嘉道理农场暨植物园（Kadoorie Farm and Botanic Garden）旧称嘉道理农场，坐落于新界大埔区大帽山北坡和山麓，林锦公路近林村白牛石一带，占地148 hm²，范围横跨大埔区和元朗区。嘉道理农场于1956年成立，始创的目的是援助贫苦农民，帮助他们自力更生，为有需要的人提供农业辅助。但随着时代变迁，该农场的角色有所转变，于1995年1月立法局通过《嘉道理农场暨植物园公司条例》，嘉道理农场正式成为非营利机构，把重点转移至自然保护及环境教育方面。根据自然本底条件及开发利用现状判断，嘉道理农场暨植物园的不同区段空间分别具有山地型自然公园、农业观光园和植物园的特点。

二、实习目的

（1）通过实习考察，了解山地型自然公园、农业观光园、植物园的规划、设计、管理、运营的理论与方法。

（2）了解在现代自然公园、农业观光园、植物园的规划、设计、运营、管理中，如何将自然保护、环境教育、休闲游憩等多种功能目标进行融合。

三、实习内容

（一）发展理念

使命：大众与环境并存；

愿景：人人奉行永续生活的世界，既彼此敬重，也尊重大自然；

志愿：倡导公众爱护大自然，使大家意识到，我们习以为常的生活模式正导致环境劣化和引起地球灾难；

目标：示范怎样培养永续生活模式，尊重大自然和其他人。

（二）系统构成

游憩系统主要包括生态径、植物园、动物园、农场博物馆等教育场馆与设施、解说牌示系统等。

生态径：为方便游客游览参观，同时也为提供更多的环境教育场所，园内布置多种多样的生态径，它们也成了该园环境教育的一种重要手段。主要的生态径有：乔木径、擎天径、蝴蝶径、蜜果径、彩虹径、蜜园径、果园径、天梯和吊钟路等。

农场博物馆：农场博物馆于2006年庆祝嘉道理农场成立50周年而建立，用

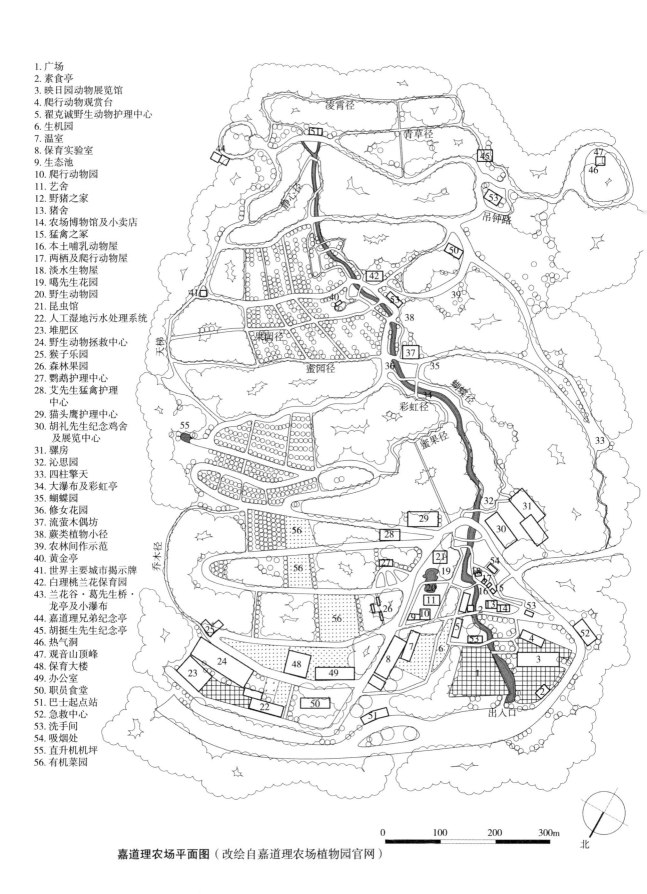

1. 广场
2. 素食亭
3. 映日园动物展览馆
4. 爬行动物观赏台
5. 翟克诚野生动物护理中心
6. 生机园
7. 温室
8. 保育实验室
9. 生态池
10. 爬行动物园
11. 艺舍
12. 野猪之家
13. 猪舍
14. 农场博物馆及小卖店
15. 猛禽之家
16. 本土哺乳动物屋
17. 两栖及爬行动物屋
18. 淡水生物屋
19. 噶先生花园
20. 野生动物园
21. 昆虫馆
22. 人工湿地污水处理系统
23. 堆肥区
24. 野生动物拯救中心
25. 猴子乐园
26. 森林果园
27. 鹦鹉护理中心
28. 艾先生猛禽护理
    中心
29. 猫头鹰护理中心
30. 胡礼先生纪念鸡舍
    及展览中心
31. 骡房
32. 沁思园
33. 四柱擎天
34. 大瀑布及彩虹亭
35. 蝴蝶园
36. 修女花园
37. 流萤木偶坊
38. 蕨类植物小径
39. 农林间作示范
40. 黄金亭
41. 世界主要城市揭示牌
42. 白理桃兰花保育园
43. 兰花谷·葛先生桥·
    龙亭及小瀑布
44. 嘉道理兄弟纪念亭
45. 胡挺生先生纪念亭
46. 热气洞
47. 观音山顶峰
48. 保育大楼
49. 办公室
50. 职员食堂
51. 巴士起点站
52. 急救中心
53. 洗手间
54. 吸烟处
55. 直升机机坪
56. 有机菜园

嘉道理农场平面图（改绘自嘉道理农场植物园官网）

0   100   200   300m

北

于展示嘉道理农业辅助会的历史和工作、早年嘉道理试验及推广农场的营运概况，并展览回顾嘉道理农场暨植物园的历史。

植物园：主要的植物展馆有生机园、兰花温室等，通过植物展示以保护珍稀濒危植物、修复香港和华南地区已退化的生态环境，使其恢复自然面貌，并鼓励人们尽量以不损害环境的方式使用植物资源。兰花温室是农场中的一个重要教育场所，温室内有多种兰花和教育展板，公众一年四季皆可欣赏中国兰花的美态和纷繁品种。兰花温室也唤起公众关注香港和中国内地原生兰花面临的种种威胁，以及了解它们受威胁的原因，如何协助拯救兰花，以及我们过去和现在怎样在本园及中国内地保护受威胁的兰花。生机园是自成一隅、自给自足的一片园地，与大自然和谐共存，也是有机园地。生机园向游客讲解和展示园艺种植的成功要素，让游客了解更多关于生态园艺的手法，也学习怎样在没有园地的市区环境，利用无土栽培法栽种开花植物和蔬菜。此外，这里也是示范园地，供刚设立社区种植园的人士观摩考察。

动物园：主要的动物展示与教育项目有猛兽护理中心、猪舍及野猪展览中心、蝴蝶园、野生动物拯救中心、猛兽之家等。猛兽护理中心用作安置身体残缺及从小被饲养而驯化了的猛兽和猫头鹰，并通过讲故事的方法向游客解说，让游客了解它们被困在笼内的原因。同时对它们进行救护，以使其尽快康复并放归自然。若康复后也不能在野外生存，则委任它们成为"教育大使"，让游客透过仔细观察及听解说员讲解，认识它们的生活习性，从而引起大众对野生动物的关注，更可引申到人类所面临的环境危机等更重大的议题。猪舍及野猪展览中心主要饲养自幼失去父母，由野生动物拯救中心职员育养长大的野猪，主要用于展览和教育，同时纪念本园的宗源。猪舍旁的展览中心饲养了家猪的祖先。

蝴蝶园并不是把不同大小形态、色彩斑斓的蝴蝶标本收藏起来，而是为它们在山边寻找或建造一个舒适的"家"，如一处不挡风但有足够阳光的地方。园内出现过 150 种蝴蝶（占全港过半数的蝶类物种）。该园主要供人观赏和摄影，同时通过教育展板让游客获取更多的有关蝴蝶的信息，也让人亲身感受与大自然的联系。

除以上所述动物展品以外，还有猛兽之家、昆虫馆爬虫类及两栖类动物展览馆、淡水鱼及水生昆虫展览屋、淡水生物屋、鹿苑、锦鲤池、水鸟围、胡礼先生纪念鸡舍及展览中心等。

解说牌示系统：是一种非常简便有效的环境解说与教育设施。本园的解说牌示数量多、形式多样，且注意用图解、照片、互动体验方式等增进游客体验的丰富性和深刻性。

解说出版物：嘉道理农场暨植物园的刊物和报告全部由公认的专家撰写和评审，这些文献是研究人员、教师及学生的重要参考资料。嘉道理农场暨植物园矢志在香港推动环境教育，在制作学校环境教材方面经验丰富。多年来制作了许多

教材，当中包括海报、书籍、小册子、教师教材套、学生工作纸和光盘。

（三）环境教育活动组织

透过正式和非正式渠道提供环保教育是嘉道理农场暨植物园的主要目标之一。当人们获得更多资讯和教育，便会懂得关爱大自然。嘉道理农场暨植物园的教育计划包括植树、改善野生动植物生境、艺术和环境工作坊，以及学校和本地社区外展活动等。这些计划的目的是鼓励普通大众进一步提高环保意识，当中尤以学生和教师为重点。

家庭乐：香港嘉道理农场暨植物园是香港儿童体验大自然的好去处，在该园，游客可以一家大小一同享受户外历奇，参观野生动物或亲手种植一株树木，欣赏香港的怡人翠景，也可漫游树林，四处寻幽探秘，还可利用各种有趣的方式教育小朋友，提高他们的环保意识。

实例1：绿野游戏

游客可选择两套寻宝游戏，分别在该园山区和下山区举行。每位参加者也有一本寻宝小册子，列出12个寻宝地点。请前往每个地点，然后完成资料板注明的任务，并在小册子写上答案、需要做的事情，参加者需要在每个寻宝地点用铅笔拓印不同的图案，全家人一同探索大自然。

儿童活动：香港嘉道理农场暨植物园经常举办各类活动，让小朋友有机会接触大自然。这些活动既富教育性又充满趣味。家长可一同参与，跟孩子一起制作压花书签、种植盆栽或画脸谱等，在入口广场的小摊档，还有讲述盆栽知识的小讲座，有制作树叶风车的作坊，有分辨四季瓜果蔬菜的游戏，有摆着濒临绝种动物标本的教育展示，有画花脸的小摊。所有这些娱乐活动均可启发儿童学习，鼓励他们回家后发掘更多关于大自然的知识。

实例2：嘉道理农场开心绿悠游

嘉道理农场开心绿悠游于10月至翌年3月每月的首个周日在园内举行，每月均设不同的主题，让小朋友参与各项趣味盎然的活动，包括导赏团、游戏及艺术工作坊等，同时体验大自然。在2008年12月活动期间更特设3个游戏摊位和两个"厨房花园"摊位，另设计"绿色思想·绿色生活"及"造筷·毁林"专题装置展览。

学校计划：嘉道理农场暨植物园设有多种适合不同级别学生的计划，对象涵盖学龄前儿童至高中学生。这些计划分别针对不同的学习领域，使学生对香港保育问题有更深的认识。同时还设有教师培训课程，帮助教师在学校、本园或其他自然郊野推行生态计划。

实例3："小足印健康校园"计划

嘉道理农场暨植物园与香港中文大学健康教育及促进健康中心合作，推广既

能够满足营养需求，又可缓减生态足印的饮食文化，鼓励人们通过饮食选择促进个人及环境的健康。"小足印健康"的原则是：多吃素、少吃肉；选择本地生产、有机、时令及新鲜的食物；采用节能烹调；循环减废。计划融合了营养教育及环境保护的信息，为教师、学生及家长提供多项培训、技术支持及教育资源，启发参与者探讨食物选择与环境及自身的联系，并通过在校建立"有机食材园""小足印烹饪工作坊""小足印午餐日"等活动，引导参与者循序渐进地建立"小足印健康饮食"习惯。此外，有机种植让学生通过体验及实践行动领悟减废循环、保持水土及生态平衡的重要性。

以下是该园举办的一些学校计划：嘉道理农场暨植物园—永续农业户外研习、树林生态考察计划、参观嘉道理农场暨植物园的可持续发展农业—地理课教师简介会、大自然全接触夏令营2010、驻园艺术家计划、地理资讯系统日等。

社区外展：嘉道理农场暨植物园是香港最大的保育及环境教育机构之一，该园构思和筹办的计划和活动有助于提高公众的环保意识和参与热情。园内有训练有素的保育专家和环境教育工作者致力于同多家伙伴机构维系合作关系，希望通过增进公众对自然环境的了解和保护意识，让他们明白保护野生动植物的重要性和这些生物对人类的重大价值。嘉道理农场暨植物园在社区开展的活动有：城市农夫永续农业—入门课程、城市农夫永续农业—进阶课程、有机耕种基础课程、环境导赏员培训计划和"自然生态万花筒"活动等。此外，农场还在社区开展植树计划，例如，于2008年3～6月植树季节，共有3600位参与者在大帽山种植了10 906棵树苗。

短期课程及工作坊：嘉道理农场暨植物园举办多类培训课程及工作坊，如园艺培训工作坊等。参加者可亲自动手，学习混配泥土、播种和移植树苗等园艺技巧。过去数年，该园举办了70多次教室研讨会及工作坊。

（四）动植物保育工作

动物保育：嘉道理农场暨植物园于1994年成立动物保育部，最初称为保育部及教育部。现在动物保育部的主要目标是透过野生动物拯救工作、保育计划以及公众教育来维持本地及东南亚的生物多样性。为支持香港政府的保育工作和解决非法买卖濒危动物的问题，该园于1994年设立野生动物拯救中心，此外，透过各类动物教育展览，让公众认识香港的本地野生动物并了解它们所需的栖息地，并且于1998年制订生态咨询外展计划，以协助香港政府及本地非政府组织，为它们提供野生物种及生态保护等方面的实用咨询意见。

植物保育：嘉道理农场暨植物园于1994年成立植物保育部，以保护珍稀濒危植物；修复香港和华南地区已退化的生态环境，使其回复自然面貌；鼓励人们以尽量不损害环境的方式使用植物资源，即与大自然和谐并存、永续生活。

该园分别在香港和华南地区展开实地考察工作，务求更深入地了解自然环境

当前面对的冲击，并在园内举办教育活动及外展项目，让公众认识人与大自然环环相扣的关系。与此同时，该园还致力于照顾和美化本园范围内的园林环境。园内种植和护理的植物逾千种，这是保育工作的范畴之一，目的是透过悦目的园艺成果鼓励公众与我们携手合作，共同保护自然环境。

（五）永续生活

嘉道理农场暨植物园于2006年成立永续生活及农业部，以提高公众意识，让大家正视环境危机的根源，同时提倡人类与大自然互相尊重、和平共存的理想生活模式。

实例4：电力使用的永续模式体现

嘉道理农场暨植物园的省电措施主要包括改善建筑物外层效能，利用树荫，广泛使用天然通风及照明，以及逐渐更换旧电器，改用能源效益高的型号。保育大楼办公室采用双层玻璃窗以收隔热及保温之效，并以植物作天然遮阴，并在部分建筑物装设植物屋顶。此外，农场在购买电器和装置时非常谨慎，只选择高能源效益的型号。由于园内许多建筑物都是单层结构，可透过天窗自然采光。

同时，该园使用可再生能源。园内已装设太阳能街灯及花园灯饰，它们日间储存太阳能，晚上释放能量驱动灯泡。其他太阳能装置包括太阳能热水器，防止野生动物破坏农作物的太阳能围栏，以及用于留种的太阳能风干种子柜等。

空调的耗电量非常高，该园早于2005年率先指定26℃为建议室内温度，并利用风扇和冷气机控制室内温度和湿度，令人在26℃的环境下感到舒适。

嘉道理农场暨植物园分别在水、电力、采购与废物管理、交通运输、建筑物和食物等方面把永续理论实践在实际生活中，致力于开拓更多方法，减小园内运作所产生的生态足印，借此倡导他人加入他们行列，同时在园内设立了相关的展览，供游人参观，起到教育的作用。

总的来说，嘉道理农场暨植物园通过永续生活模式，不但自身在日常生活的方方面面遵循了节能、环保的理念，同时也对其他居民、公众起到了很好的示范教育作用，而且该园还将相应的方式、设施做成了展板供游客参观，从而起到环境教育的作用。

四、实习作业

（1）举例嘉道理农场暨植物园在规划、设计及管理理念上的特点。

（2）阐述嘉道理农场暨植物园环境教育设施设计上的特色与亮点。

（乌　恩　薛　然编写）

【香港湿地公园】

一、背景资料

香港湿地公园位于米埔内后海湾拉姆萨尔湿地及天水围新市镇之间，占地 61 hm²，包括 60 hm² 的湿地保护区和面积约 10 000 m² 的访客中心。这里是一个为了弥补天水围新市镇发展所损失的湿地而建造的生态缓解区，有效地舒缓都市发展对拉姆萨尔湿地造成的压力。香港政府将其作为首个生态环境旅游项目进行分期发展，于 2006 年 5 月正式向公众开放。

香港湿地公园有近 190 种雀鸟、40 种蜻蜓和超过 200 种蝴蝶及飞蛾。园内淡水沼泽、季节性池塘、芦苇床、林地、泥滩和红树林等多样的生境也为湿地生物提供了良好的生存条件，同时也展示了香港湿地生态系统的多样性。

二、实习目的

（1）了解现代湿地公园规划、设计、管理的新理念、新模式和方法。

（2）了解环境解说和环境教育在湿地公园规划、设计、管理、运营中的地位、作用。

三、实习内容

（一）建设理念

传统的规划、设计实践，着眼点是"风景"，让游客关心由地形、植被、水体等风景要素构成的"看的风景"，甚至尤其要引导游客关注造型地貌的新、奇、特、异，也就是说，在传统的自然风景观或旅游休闲观念中，地形是构成旅游吸引的最核心要素。然而，湿地却缺乏地形变化，缺乏视觉上的变化性、丰富性，在湿地公园里走一或两个小时，脚下或视野中很有可能"没有"变化，没有登山时的"步移景异"，也没有穿越森林时的"曲径通幽"，所以，普通游客在湿地里沿着栈道走一会儿，可能就要"审美疲劳"了。

在生态旅游视角下，湿地之美主要体现在它的生物多样性，而不是视觉上的丰富多样，而这种生物多样性之美，只有通过环境解说，普通游客才能够理解和感受。

具体而言，湿地公园建设应在保护湿地资源环境的前提下，把环境解说、环境教育作为核心来开展湿地生态旅游，应该通过规划建设以下软硬件来实现：解说步道、自然观察路径、游客中心与环境教育馆或自然博物馆、自然学校，开发环境教育课程体系，组织环境教育活动等。

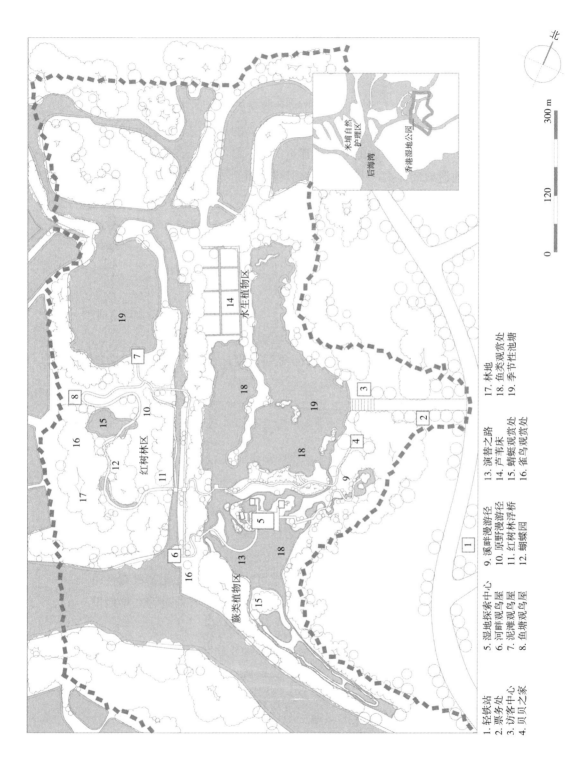

香港湿地公园平面图（改绘自香港湿地公园官网提供图片）

1. 轻铁站
2. 票务处
3. 访客中心
4. 贝贝之家
5. 湿地探索中心
6. 河畔观鸟屋
7. 泥滩观鸟屋
8. 鱼塘观鸟屋
9. 溪畔漫游径
10. 原野漫游径
11. 红树林浮桥
12. 蝴蝶园
13. 演替之路
14. 芦苇床
15. 蜻蜓观赏处
16. 雀鸟观赏处
17. 林地
18. 鱼类观赏处
19. 季节性池塘

（二）游憩空间与设施

1.自然教育径

公园在不破坏湿地环境的前提下具有创造性地设计了 3 条主题自然教育径：溪畔漫游径、演替之路和原野漫游径。

香港湿地公园自然教育径

溪畔漫游径	河溪是许多生物赖以生存的环境。湿地公园沿河溪建设溪畔漫游径，介绍沿途物种特点
演替之路	全程由木板步道架于开阔水体上，让访客探索湿地植物如何随着生境而改变，怎样从一个开阔水体，演替成湿木林。沿途以一名植物艺术家制作的野外手记为故事情境，展示一些奇妙的植物故事和"沉水植物—浮水植物—挺水植物—湿木林植物"的演替过程
原野漫游径	让访客走至保护区之边缘，穿过季节性浸没的洼地、林地和草地。该漫游径是全年皆宜的好去处，也是欣赏如蝴蝶和蜻蜓等昆虫的理想地点

2.访客中心——湿地互动世界

主要为公众提供非正规教育服务。占地面积 10 000 m² 的访客中心—湿地交互世界共设有 5 个展览廊：湿地知多少、湿地世界、观景廊、人类文化和湿地挑战。通过展品和影像展示、亲身体验、互动游戏等方式，从 5 个不同的焦点展现湿地的功能和价值。

3.湿地探索中心

湿地探索中心是一座户外教育中心，主要用于学校正式教育。设有 2 个展示厅，并辟有"湿地任务间"，展示传统湿地农耕方式、水位控制装置等，也可观察生物。

4.户外教室

香港湿地公园设置了众多户外设施，使得游客可以在公园内接受更直接、更深刻的环境教育。园内的红树林浮桥、观鸟屋、贝贝之家等设施都属于香港湿地公园户外教室的一部分。

例如，通过架于红树林之间的浮桥，可观察在这里生活的动植物所具备的惊人的适应能力；近距离观察 4 种红树的不同部位，可见其特殊的支柱根、胚轴、膝根和盐腺；可留意红树林中多种独特的动物，如弹涂鱼、招潮蟹和螺类等。

（三）环境教育活动组织

1.正规环境教育项目

正规环境教育主要指把环境教育的内容纳入学校的教育体系中，通过相关学科教学或活动渗透环境教育的内容，传授环保知识、价值观、解决环境问题的技能等，更多地强调"关于环境的教育"和"为了环境的教育"。香港湿地公园的正规环境教育主要针对中学生和教师。

中学生正规环境教育项目：根据年龄和受教育程度，香港湿地公园的中学生

环境教育以课外实践为主。依托学生在校课程，在自然中进行相关知识的讲授及环境教育。授课者一般为本学校教师，也可以安排公园管理人员进行动植物相关专题的讲座。这种课外教学形式生动直观，达到了良好的教学效果，同时深受学生喜爱。

教师正规环境教育项目：香港湿地公园通过举办不同类型的教师任务坊，向教师介绍香港湿地公园展览廊和湿地保护区的各项教育设施，以及分享教师在香港湿地公园内带领学生进行活动时需要注意的事项。让教师们能更有把握地设计相关的教材及自行带领学生参观香港湿地公园。

2. 非正规环境教育项目

非正规环境教育是指在正规教育体系以外，针对不同学习对象的不同需要所开展的有组织、系统的环境教育活动。它是对正规环境教育的整合、补充和延续，是一种环境继续教育。香港湿地公园的非正规环境教育主要针对中小学生和普通公众。

中小学生非正规环境教育项目：香港湿地公园针对中小学生的非正规环境教育注重实践性和趣味性的结合。通过调动学生的视觉、嗅觉、触觉等多种感官，为学生提供丰富的游玩、学习体验。寓教于乐，课程内容丰富多彩。

公众非正规环境教育项目：香港湿地公园的公众环境教育多以讲座、主题导览等形式开展。生动多样的环境教育项目吸引了各个年龄段的游客。同时，该公园还定期举办各种主题节事活动，宣讲动植物专题知识，用群众喜闻乐见的方式进行环境教育。

香港城市湿地公园中小学非正规环境教育项目示例

活动对象		活动名称	活动内容	活动目的	活动时间
幼儿园	初班至高班	与湿地动物做朋友	湾鳄"贝贝"的日常生活；溪畔漫游径；到生态探索区的池塘寻找小动物；在湿地工作间认识湿地农作物；在资源中心进行的讲解和活动	走进湿地的自然环境，教导小朋友参观大自然的正确态度	2 h
小学	小一至小三	湿地初接触	9～10月、4～7月——"听听我是谁"；11月至翌年3月——"雀鸟大不同"	通过查找各种湿地动植物，提高学生野外观察的能力	2 h
	小四至小六	湿地与日常生活	以"湿地传统作业"作为专题介绍；资源中心进行"传统智慧"的讲解和活动	参观不同种类的湿地，认识湿地与人类日常生活的关系	2 h
中学	中一至中三	生气勃勃的湿地	9～10月、4～7月——观察并认识生物、生境；11月至翌年3月——观鸟	探访不同种类的湿地，认识湿地的生物多样性和生物适应环境的方法	2 h
	中四至中七	爱护我们的湿地	9～10月、4～7月——观察并记录生物；11月至翌年3月——观鸟技巧训练	通过生态调查活动，学习观察技巧，并认识保育湿地的重要性	2 h

四、实习作业

（1）结合香港城市湿地公园中的实例，阐述湿地资源的特点。

（2）结合香港城市湿地公园中的实例，阐述湿地公园如何通过规划、设计实现游客体验的丰富性和深刻性。

（乌　恩　薛　然　编写）

福州园林

【金牛山公园福道】

一、背景资料

　　金牛山公园福道是一条自然环境和人工景观和谐共生，集市民健身运动、观光休闲、康体娱乐为一体的现代城市森林步道，是福建省内最长的一条依山傍水、与生态景观融为一体的城市休闲健身走廊，开创了中国钢架悬空栈道的先河。福道作为一条城市连接网络，为市民前往闽江北港提供了可达性，也体现着通过引入自然景观提高市民生活质量的超前意识。作为都市化城市的通往自然生态的绿色开放走廊，福道无缝融合了建筑与景观，通过巧妙的空间组织，把城市元素和自然元素完美地整合在了一起。蜿蜒曲折的悬空天桥，也给游客提供了动态连续的游览路径，激发了整个城市的活力，把自然景观真正渗透进城市的肌理之中。

二、实习目的

　　（1）了解城市森林步道的线路选择、空间布局、视觉轴线规划、配套建筑设计及其与城市开放空间的关系。

　　（2）学习新型钢架步道的材料、做法与细部设计。

　　（3）学习山地海绵公园的设计理念。

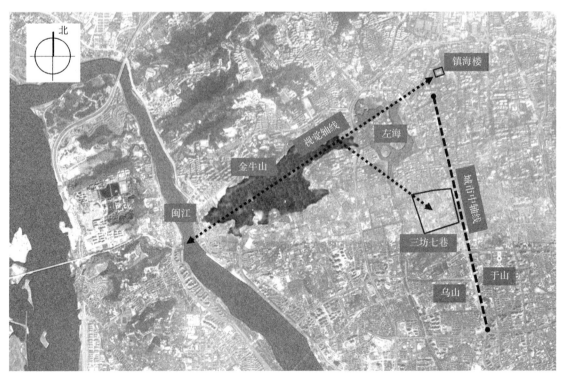

金牛山公园福道区位图（福州市规划设计研究院提供）

三、实习内容

（一）空间布局

福道采用全国首创钢架镂空设计，主轴线长 6.3 km，环线总长约 19 km，东北接左海公园，西南连闽江廊线，中间沿着金牛山山脊线，贯穿左海公园、梅峰山地公园、金牛山体育公园、国光公园、金牛山公园。

（二）设计特点

福道借鉴了新加坡的亚历山大城市森林步道，由 8 种不同的基础模块组成，通过多变的排列方式形成一个具有适应不同地形能力的模块系统。史无前例的灵活设计实现了长达 14.4 m 的柱距，最大限度地减少对植被的破坏，为了更好地适应多变的地形与复杂的山势，更体现了对自然最崇高的敬意。福道主体采用空心钢管桁架，桥面采用格栅板，缝隙控制在 1.5 cm 以内。这样的尺寸设计，不仅满足了轮椅的通行，也可以让步道下方的植物沐浴阳光、自然生长。

步道上有很多便利设施贯穿全程，如休息亭、观景平台、瞭望塔和配有卫生间的茶室，这些设施都位于坡度不超过 1∶16 的缓坡上。作为一个配有 WIFI 连接、触屏信息板和游客交通监察器的智能步道，福道有在全国范围内成为生态步道标杆的潜力。

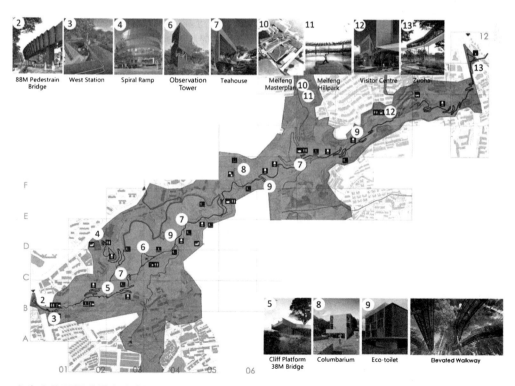

金牛山公园福道景点分布平面图（福州市规划设计研究院提供）

（三）海绵公园理念的技术措施

山地海绵公园，是将海绵城市的理念融入山地公园的设计中，使其不但满足游览休憩的功能，还能提升公园对雨洪的控制，以减少山洪对山体所在区域产生的不良影响。通过公园建设，尽可能把雨季的山洪滞留在公园中，并给予充分的控制和时间使其沉淀泥沙、过滤杂质、净化有害物质，在洪峰过后再排入市政管道或就地蒸发、下渗和利用。也就是说，应将"渗、滞、净、用、排"紧密结合到山地公园设计中。

梅峰山地公园是福州城区内较有代表性和完整性的小型山地海绵公园，是金牛山福道的主入口之一。对该区域山洪进行控制、融入海绵设计、修复生态环境、完善公园功能，是本项目的主要目标。具体功能区块按山洪流经的顺序布置如下：①山塘小水体；②生态植草沟；③雨水花园；④环湖草坡；⑤环湖湿地；⑥一级蓄水湖；⑦二级蓄水湖。7个关键区块组成了梅峰山地海绵公园中雨水从源头到终端的路径。山洪通过山塘小水体初级过滤后流入山脚的生态植草沟，雨水花园将由植草沟收集到的山洪，沉淀过滤掉较大的杂质再排入环湖湿地进行二次沉淀净化，最后进入一级蓄水湖。当雨量较大时，一级蓄水湖的水通过种满水生植物和池杉的湿地溢入二级蓄水湖。暴雨来临前会提前排空2个湖体，为截留山洪做好准备。

四、实习作业

（1）实测新型钢架步道的1个单元模块，并分析其细部设计要点。

（2）从城市区域的尺度，分析福道的线路规划、景观结构规划、视觉轴线设计特点，分析福道与城市景观之间的相互作用和影响。

（3）按照因地制宜的原则，试述游步道设计与金牛山的地形和植被的关系。

（杨　葳编写）

【三坊七巷】

一、背景资料

三坊七巷是国家 5A 级旅游景区，是福州老城区经历了中华人民共和国成立后的拆迁建设后仅存下来的一部分，是福州的历史之源、文化之根，自晋、唐形成起，便是贵族和士大夫的聚居地，清代至民国时期走向辉煌。区域内现存古民居约 270 座，有 159 处被列为保护建筑。以沈葆桢故居、林觉民故居、严复故居等 9 处典型建筑为代表的三坊七巷古建筑群，被国务院列为全国重点文物保护单位。

三坊七巷位于福州中心城区（老城区），东临八一七北路，西靠通湖路，北接杨桥路，南达吉庇路，周边有朱紫坊历史文化街区，乌山、于山历史风貌区及五一广场等城市大型广场，拥有 38 hm² 的完整保护范围。三坊七巷是国内现存规模较大、保护较为完整的历史文化街区，是全国为数不多的古建筑遗存之一，有"中国城市里坊制度活化石"和"中国明清建筑博物馆"的美称。2009 年 6 月 10 日，三坊七巷历史文化街区获得文化部、国家文物局批准的"中国十大历史文化名街"荣誉称号。

二、实习目的

（1）了解三坊七巷的总体布局、空间特点和建筑庭院风格。

（2）学习在历史文化街区保护背景下，街巷、建筑和园林的修复方法。

（3）掌握福州古代私家园林的设计理念和营建技术。

三、实习内容

（一）总体布局

三坊七巷位于福州城区中心，总面积约为 40.2 hm²，是以南后街为轴线的"非"字形结构街区。南后街为南北向，其西侧为"三坊"：文儒坊、衣锦坊、光禄坊；其东侧为"七巷"：黄巷、塔巷、宫巷、郎官巷、吉庇巷、杨桥巷、安民巷。

（二）街巷特色

三坊七巷传统街区是明清时期居住建筑的有机组合，具有很强的区域"肌理"特征。每个居住建筑单元的主入口主要朝向坊巷，总体呈南北向平面布局。每个居住建筑单元相邻接的墙体共用一道封火山墙。在总体空间构成上形成了一道道形态相近、协调优美、连续律动的曲线封火山墙。它们与青灰色的小青瓦屋顶、白粉墙、青石板铺就的曲折变化的巷道共同构成了三坊七巷传统街区的空间特征。

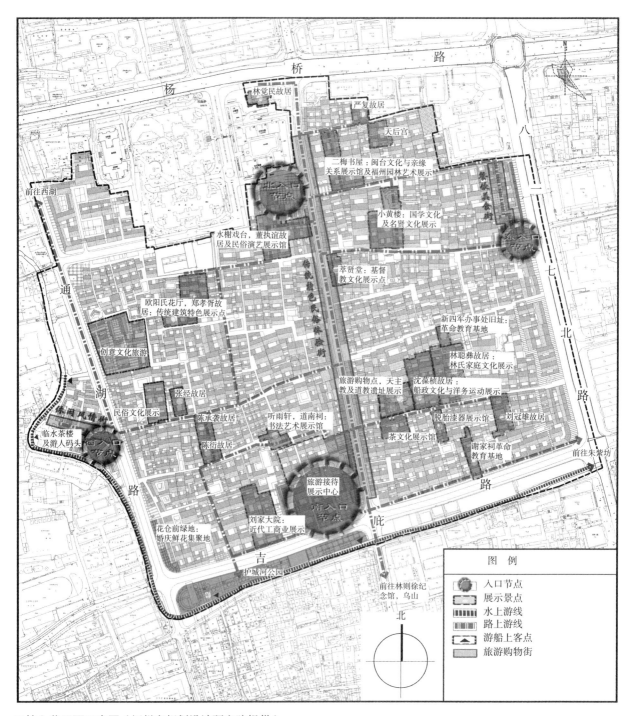

林觉民故居

严复故居

天后宫

二梅书屋：闽台文化与亲缘
关系展示馆及福州园林艺术展示

小黄楼：国学文化
及名贤文化展示

水榭戏台，董执谊故
居及民俗演艺展示馆

萃贤堂：基督
教文化展示点

前往西湖

北入口
节点

东入口
节点

通

欧阳氏花厅，郑孝胥故
居：传统建筑特色展示点

新四军办事处旧址：
革命教育基地

林聪彝故居：
林氏家庭文化展示

创意文化旅游

湖

民俗文化展示

张经故居

旅游购物点，天主
教及道教遗址展示

沈葆桢故居：
船政文化与洋务运动展示

陈承裘故居

听雨轩，道南祠：
书法艺术展示馆

脱胎漆器展示馆

刘冠雄故居

临水茶楼
及游人码头

陈衍故居

茶文化展示馆

谢家祠革命
教育基地

西入口
节点

前往朱紫坊

路

旅游接待
展示中心

前入口
节点

庇

花仓前绿地：
婚庆鲜花集聚地

刘家大院：
近代工商业展示

吉

护城河公园

前往林则徐纪
念馆，乌山

北

图　例

入口节点

展示景点

水上游线

路上游线

游船上客点

旅游购物街

三坊七巷平面示意图（福州市规划设计研究院提供）

总体布局上虽看似凌乱，但其中的空间组合、巷道布局、天井空间等的虚实、张弛、明暗、咬合衔接如同生物的细胞结构，是一种有机的、生态的结构，是三坊七巷独有的空间特色。

（三）民居建筑特色

三坊七巷传统民居空间组织以对称布局的"正座"主宅为例，从室外空间进入狭窄的门头房室内空间，过渡到由四周以开放式敞廊围合成的天井空间，再经过半开放式的前厅过渡空间，可进入两侧厢房的室内空间，继续前行经过屏风门的转折进入以同样空间处理手法的后厅、中天井、敞廊空间，至此完成了第一"进"的空间组织序列，以此类推，"进"空间序列得以展开和发展。在空间处理手法上：收放、明暗、扬抑、转折、变化、虚实等通过这3种空间的转换、承接，演绎出南方地区独特的民居建筑的空间性格。

三坊七巷民宅沿袭唐末分段筑墙的传统，都有高、厚砖或土筑的围墙。墙体随着木屋架的起伏呈流线形，翘角伸出宅外，状似马鞍，俗称马鞍墙。墙只作外围，起承重作用的全在于柱。一般是两侧对称，墙头和翘角皆泥塑彩绘，形成了福州古代民居独特的墙头风貌。

（四）古代私家园林特色

三坊七巷里宅园面积小，人口密度大，没有足够的空间来构筑大型园林。因此，天井、前后院等小空间便成为这里的居民造园植树、亲近自然、怡情养性的场所。这里的宅第园林通常被称为花厅，大多数的花厅一侧都设有厅堂或是双层楼房。园主人在花厅内开掘池沼，建造假山，种花植树，池沼和假山间常常配以石桥、亭台、水榭。为了节省空间，园子里的亭子常常贴着山墙，被建成半边亭或四分之一角亭。

晚清以后，西方建筑文化被引进，三坊七巷的民居里也出现了东西方文化碰撞而生成的产物。如郎官巷严复故居的西花厅，还有文儒坊陈季良故居的花厅，都遗留下了中西合璧的厅堂和楼房。这些文化交流所产生的印迹，又为三坊七巷的建筑增添了独特的近代色彩。三坊七巷民居建筑的布局，虽然大都呈规整、对称的形式，但其内部空间却极富变化，既有高大开敞的厅堂作为宅院的主体，又有与之相对应的各具特色的庭院，创造了不同情趣的生活环境，形成了丰富的内部空间。

三坊七巷中的古园林具有玲珑幽雅的地方风格，从造园的意旨来说，多讲求人与自然的亲和，追求幽雅、宁静。把传统的诗画表现手法运用于造园艺术。大致有以下特点：从构造布局来说，讲求充分利用空间，节约用地，注意园中建筑与树木花草、池沼的用地比例，私宅园林多数精巧玲珑，大园不多；采取自然山水园形式，园无论大小，都有山石和水池；假山石料，多采用海边千疮百孔的

海蚀石，显得极有灵气，少用太湖石；园林植物配置以乡土树种为主，比较简洁；讲究诗情画意，趣在小中见大，主要园景均有题刻或楹联点题。

这样的园林以黄巷 38 号小黄楼前的花厅最具代表性。除此之外，南后街的董执谊故居、衣锦坊的水榭戏台、光禄坊的光禄吟台、文儒坊的陈承袭故居、郎官巷的二梅书屋、宫巷的林聪彝故居、塔巷的王麒故居等宅第园林都各具特色，韵味无穷。这些不同年代、不同大小的园林各有特色，在具有一定空间局限性的坊巷格局中，充分展现出了精湛的造园技艺以及主人的雅致性情，也营造了不同层次和侧重点的空间特点。

1. 小黄楼

小黄楼位于黄巷 18 号至 21 号，占地逾 3000 m²，清道光十二年梁章钜由江苏布政使任引疾归田，再度居黄巷，在唐名士黄璞故居遗址"黄楼"东侧构筑的园。园内有 12 景：藤花吟馆、榕风楼、百一峰阁、荔香斋、宾月台、小沧浪亭、宝兰堂、潇碧廊、般若台、詹治、浴佛泉和曼华精舍，各系以诗。

值得一提的便是位于藏书阁左右两侧，宽 2 m、深 8 m 的通道——俗称"雪洞"。雪洞的制作非常复杂：先预设好图案，然后嵌上铁钉，再将调拌进红糖、糯米的三合土一点一点、一层一层地抹上去，抹出一块块鸟窝状的效果来。这样便有了"洞内云海苍茫，两旁峥嵘突兀，顶上嶙峋莫测"的别致景观。

2. 水榭戏台

水榭戏台位于衣锦坊 4 号，原为孙氏乡绅宅第（孙翼谋家族），清道光年间成为郑鹏程的私宅。由正落、中落、侧落 3 组建筑自西向东毗邻排列而成，每座三进。现存正落三进、别院一进、花厅园林三进，建筑面积逾 2600 m²。

水榭戏台的价值在于将戏台建在自家宅院的水池上，这在福州可是独此一处，它是见证福州戏剧辉煌历史的重要实物资料。

3. 二梅书屋

二梅书屋面积逾 2400 m²，坐南朝北，是一座明清时期典型的三进大院。该院建于明末，清光绪至民国年间均有修缮。现在人们将整座院落统称为"二梅书屋"，其实真正意义上的书屋是在二进院西墙处，由书屋与藏书室组成。

二梅书屋的得名说法很多，有的说是主人在书屋与藏书室之间种植过 2 株梅花；有人说是主人崇尚梅花君子品格，望梅取名；也有人说是主人欣喜自己的生活、事业"梅开二度"而命名。不管是哪一种说法，听到二梅书屋的名字，就能产生诗情画意。

4. 林聪彝故居

林聪彝故居始建于明末弘光年间，占地逾 3800 m²，为四进大厝，该宅的后花园是三坊七巷民居中最大的庭院园林。林聪彝故居的主体建筑建于明代，整体风格简洁规整。庭院是后来的房主重新修缮的，以其清式风格与主体建筑形成对

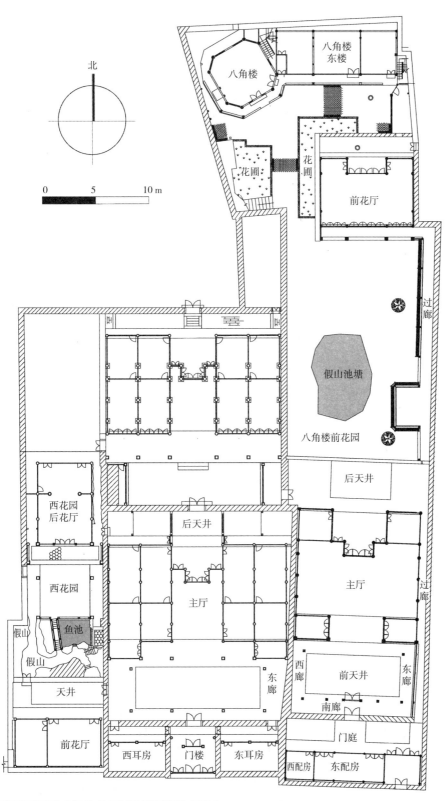

北

0　　　5　　　10 m

八角楼东楼

八角楼

花圃

花圃

前花厅

过廊

假山池塘

八角楼前花园

后天井

西花园
后花厅

西花园

主厅

主厅

鱼池

假山

假山

天井

前花厅

西耳房

门楼

东耳房

东廊

西廊

前天井

东廊

南廊

门庭

西配房

东配房

小黄楼平面图（福州市规划设计研究院提供）

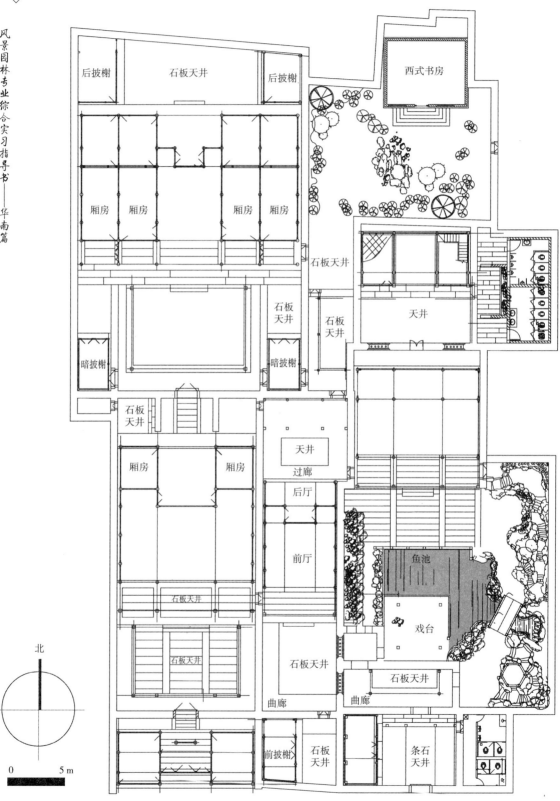

西式书房

后披榭　石板天井　后披榭

厢房　厢房　厢房　厢房

天井

石板天井

石板天井

暗披榭　暗披榭

石板天井

厢房　厢房

天井

过廊

后厅

前厅

鱼池

戏台

石板天井

石板天井

石板天井

曲廊　曲廊

石板天井

前披榭　石板天井　条石天井

北

0　　　　5 m

水榭戏台平面图（福州市规划设计研究院提供）

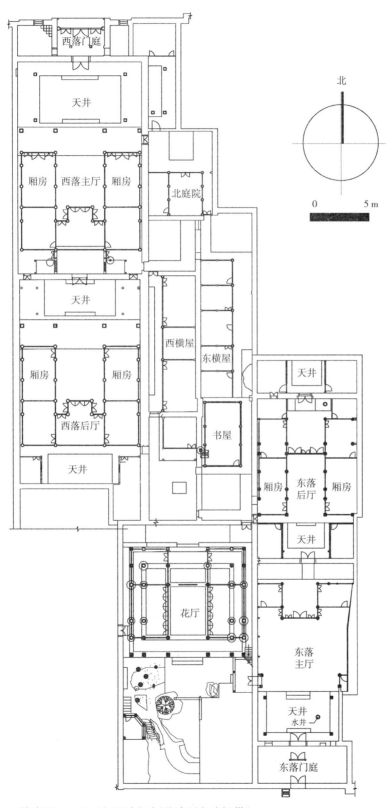

北

0   5 m

西落门庭

天井

厢房　西落主厅　厢房

北庭院

天井

厢房　　　厢房

西横屋

东横屋

西落后厅

书屋

天井

天井

东落后厅

厢房　　　厢房

天井

花厅

东落主厅

天井
水井

东落门庭

二梅书屋平面图（福州市规划设计研究院提供）

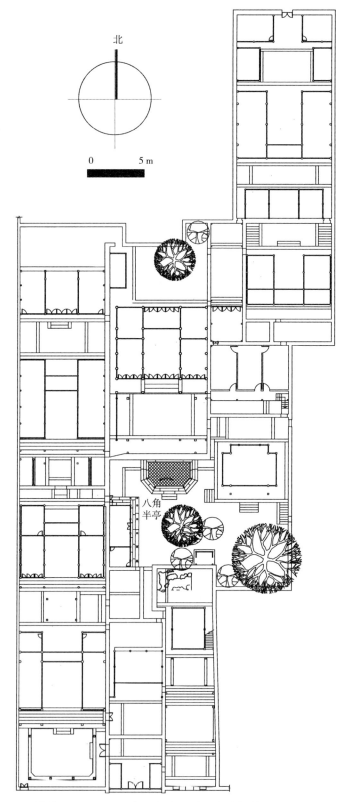

北

0 5 m

八角
半亭

林聪彝故居平面图（福州市规划设计研究院提供）

比鲜明。庭院东南角至今还保存着 1 株苍翠垂髯的古榕，旁边临池是用太湖石和海石堆筑成的假山，假山里的石洞还可以通向首进院落。庭院南面贴墙建有半歇山顶的亭子，穿过山亭沿小径不仅可以通向中西合璧风格的小楼，还可以到达叠石假山顶部。后花园的总体布局灵活精巧，富于变化。

（五）植物配置

三坊七巷私家园林的庭园中，较为宽阔的平庭常见栽植一两株高大的树木，如榕树、白兰花、梧桐（*Firmiana platanifolia*）等，也有栽植刺桐、荔枝、龙眼、杨桃（*Averrhoa carambola*）等果木，整个庭院空间因浓荫覆盖而清凉舒适。厅堂前的平庭院落，多种植桂花、玉堂春、白玉兰等，取"金玉满堂"之意。至于别院平庭，则用芭蕉、竹、木棉、棕榈等植物组景。

墙角、墙边配合立石和石景，用鸡蛋花、九里香、流苏（*Chionanthus retusus*）、团花（*Anthocephalus chinensis*），或用棕竹、竹丛作为衬托的材料。篱落多植观音竹、藤萝架以及金银花（*Lonicera japonica*）、夜香、秋海棠（*Begonia grandis*）、炮仗花等。花池点缀街庭，在各种形状的植床内种植花草。

此外，街巷中主要栽植的树种有紫薇、白玉兰、樟树、九里香，滨水区栽植的主要树种有串钱柳、柳树、小叶榕等。

四、实习作业

（1）试从平面布局、山水骨架、空间尺度、构筑物、植物配置等角度说明三坊七巷内古代私家园林的特点。

（2）草测水榭戏台，分析其空间尺度关系。

（3）以速写 2～3 幅街巷、庭院景观的方式，反映三坊七巷街区的地域性文化特色。

（杨　葳　闫　晨　编写）

【乌山历史风貌区】

一、背景资料

乌山，又称乌石山，位于福州市中心，面积约 27 hm²，海拔 86 m，与于山、屏山鼎足而立，统称为福州城内"三山"。相传汉代何氏九仙于重阳节登乌山揽胜，引弓射乌，故又名"射乌山"。唐天宝八年（749 年），敕名为"闽山"。宋熙宁初，福州郡守程师孟登山揽胜，认为此山可与道家蓬莱、方丈、瀛洲相比，改名"道山"，后又邀请唐宋八大家之一的曾巩撰文《道山亭记》，一时洛阳纸贵，远近驰名。

乌塔始建于唐贞元十五年（799 年），耸立在乌山东麓，和于山的白塔遥遥相对，有"榕城双塔"之称。塔为八角七层，高 35 m，塔身屋檐用叠涩手法建造，每层塔壁上都有浮雕或石刻，有很高的历史、文化、建筑艺术价值。

乌山早在唐代就已成为游览胜地，山上怪石嶙峋，林壑幽胜，天然形肖，以三十六景最为奇特。在乌山历史风貌区名胜古迹中，以乌塔和乌山摩崖题刻及三圣佛造像最有价值，这两项均于 1961 年被颁布为第一批省级文物保护单位。乌塔于 2005 年升格为全国重点文物保护单位。

二、实习目的

（1）了解乌山历史风貌区的特点和其在福州城市景观空间构成上的作用。

（2）学习人文景观的塑造及其与自然景观的交融方式。

三、实习内容

（一）总体布局

乌山是福州"三山"之首，是福州历史文化名城核心的历史资源和城市山体景观系统中标志性的节点，是福州"三山两塔一条街"古城空间格局的重要组成部分。

乌山历史风貌区定性为：以大规模的奇榕怪石、摩崖石刻为特色，以题刻文化、宗教文化、民俗文化为内涵，自然景观与人文景观相互融合、特色鲜明、景色优美的古城风貌区。同时也是集观光游览、山林休闲、科研教育为一体，具有深厚历史文化底蕴、环境优美的风景名胜公园。划分为"四大景区"：乌塔景区、天皇岭古建筑景区、石文化景区、休闲林景区。

（二）景观分区

1.乌塔景区

位于乌山东麓"第一山"上，景区以东侧高耸的乌塔为核心景观，区内散布

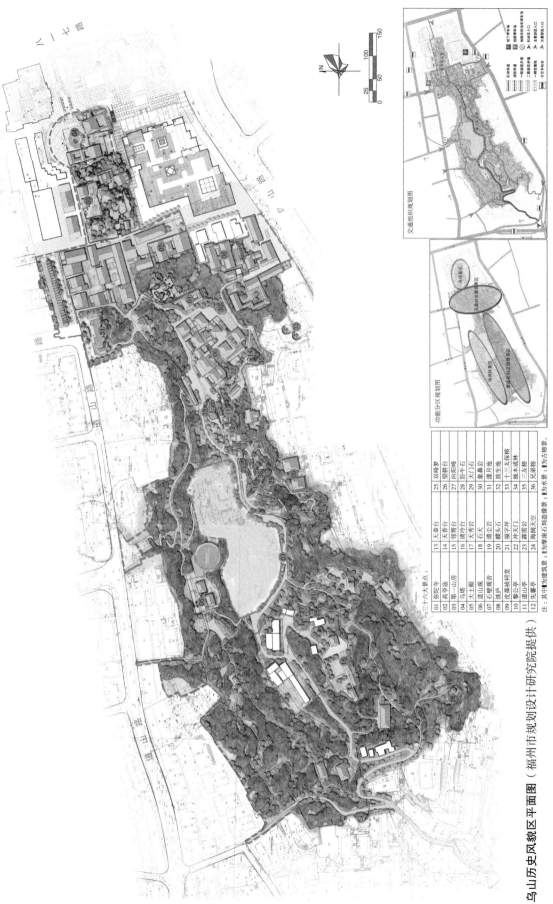

乌山历史风貌区平面图（福州市规划设计研究院提供）

着寺庙、名人故居等多处历史建筑。规划以历史古迹文物建筑保护、复建为主，通过古典园林手法，设置中心庭园，整合统一零散的建筑空间形态，形成建筑围合，庭园穿插、多变的园林空间，构成乌山历史风貌区东侧相对独立的游览园区。

2. 天皇岭古建筑景区

位于乌山东部天皇岭，该区保留着较为清晰完整的历史民居巷弄空间，是基地北侧三坊七巷历史文化街区游览空间的延续，规划整治成具有历史巷弄空间肌理，展示传统民居、宗教建筑群景观风貌的游览区。

3. 石文化景区

位于乌山西部南面，景区散布形态各异的奇石或石榕组合而成的自然奇景，汇集着大量历史悠久的摩崖石刻等人文遗迹，这些与石相连的奇景群组成以乌山特有的石文化为主题的游览区。

4. 休闲林景区

位于乌山西部北面，紧邻乌山北侧的住宅区，该区景观资源较少，规划主要以修复山体破损面，提高山体绿化覆盖率为主，适当布置相应的休闲活动设施，形成以健身、休闲为主的山林休闲空间。

四、实习作业

（1）得益于得天独厚的地理条件，"城在山之中，山在城之中"是福州城城市景观环境的特征。绘制福州城中"三山"的位置平面示意图，并总结福州城市建设中的山水关系。

（2）草测绘制乌塔平面图和其周边环境平面图。

（杨　葳　编写）

【西湖公园】

一、背景资料

福州西湖公园位于市区西北部，现占地面积为 42.51 hm²，其中陆地面积 12.21 hm²，水面面积 30.3 hm²。西湖公园是福州迄今为止保留最完整的一座古典园林，以其特有的文化内涵而成为福州旅游及城市形象的一大代表。

据史料记载，晋太康三年（282 年），郡守严高筑子城时凿西湖，引西北诸山之水注此，以灌溉农田，因其地在晋代城垣之西，故称西湖。五代时，闽王王审知扩建城池，将西湖与南湖连接。其子延钧称帝，在湖滨辟池建水晶宫（在今水关闸附近），造亭、台、楼、榭，在王府与西湖之间又挖设一条复道，便于携后宫游西湖。西湖成了闽王朝的御花园。此后渐成了游览区。宋淳熙年间（1174—1189 年），南宋宗室、福州知州兼福建抚使赵汝愚又在湖上建澄澜阁，并品题"福州西湖八景"：仙桥柳色、大梦松声、古堞斜阳、水晶初月、荷亭唱晚、西禅晓钟、湖心春雨、澄澜曙莺。

历代文人墨客对西湖美景赞叹不止，多留有佳篇。宋代词人辛弃疾《贺新郎·三山雨中游西湖》词中赞曰："烟雨偏宜晴更好，约略西施未嫁。"明代谢肇淛《西湖晚泛》赞："十里柳如丝，湖光晚更奇。"民国 3 年（1914 年）福建巡按使许世英辟西湖为公园，当时面积仅 3.62 hm²。中华人民共和国成立后，西湖公园几经扩大。集福州古典园林造园风格，利用自然山水形胜，并以乡土树种配置为主，讲究诗情画意，"小中见大"，使西湖景色愈见秀丽，闻名遐迩。修复及新增的景点有仙桥柳色、紫薇厅、开化寺、宛在堂、更衣亭、"西湖美"、诗廊、水榭亭廊、鉴湖亭、湖天竞渡、湖心春雨、金鳞小苑、古堞斜阳、芳沁园、荷亭、桂斋、浚湖纪念碑、盆景园等。

二、实习目的

（1）了解福州西湖在福州城市历史、文化及生活方面的重要角色和意义。

（2）学习福州地区古典园林的营建特点，包括山水格局的规划、景区的选址、景点的设置、建筑的布局、园林艺术的应用等方面。

（3）掌握驳岸的设计方法和水生植物的配置。

三、实习内容

（一）总体布局

西湖公园系由 3 个小岛组成，分别由柳堤桥、飞虹桥、步云桥、北闸桥边接而成。犹如 3 块翠玉镶嵌在碧水之中。园内长堤卧波，垂柳夹道。悦虹桥东，有

建于唐代的开化寺，现辟为园林花卉和工艺品展列所。寺后宛在堂为明代闽中诗人傅汝舟的别墅，取诗名"孤山宛在水中央"之意命名，现为傅汝舟纪念堂。过步云桥到荷亭，林则徐在此为北宋李纲建祠，并架屋三椽，植桂，取李纲晚年住年桂斋而名。斋旁建林则徐读书处，夏日观荷，秋则闻桂，风景优美，怡然自得。北闸桥又称玉带桥，连接窑角屿，此处为福建省展览中心，福建省博物院拥有展品达 10 万件之多。林则徐逝世 140 周年之际，立铜像于馆前草坪上，凭吊瞻仰之人，四时不绝。

（二）西湖古八景

西湖景色秀美，较著名的有明代诗人徐熥题的八景，即仙桥柳色、大梦松声、古碟斜阳、水晶初月、荷亭晚唱、西禅晓钟、湖心春雨、澄澜曙莺和民国四年何振岱增修的八景，即湖天竞渡、龙舌品泉、升山古刹、飞来奇峰、怡山啖荔、样楼望海、湖亭修禊、洪桥夜泊。十六景中有的景物早已变迁消失，有的是湖外借景，可望不可及。现在西湖公园内尚有仙桥柳色、荷亭晚唱、湖心春雨、湖天竞渡、古蝶斜阳五景。

1. 仙桥柳色

景点位于西湖南大门，长堤卧波，垂柳夹道。原堤建于 1930 年，宽 8 m，长 139 m，中段为桥，即仙桥。1985 年将堤面拓宽为 18 m，堤边有石栏杆，并种植垂柳、碧桃及花灌木。春来佳日，柳丝泛绿，桃花似火，远望如湖中锦带。

2. 荷亭晚唱

西湖荷亭、桂斋景点在湖西岸大梦山麓。古时大梦山，一面衔山，三面环水，亭三面临湖，视野广阔，池畔环植碧桃垂柳，夏夜凉风习习，荷香阵阵，古时为品茗赏荷听曲之所。古时，亭北有皇华亭，亭东有迎恩亭，四方形荷亭，为清代建筑物。

3. 西禅晓钟

西禅寺位于福州城西，由宋朝修建至今，西禅寺殿宇巍峨壮观，拥有大雄宝殿、明远阁、念佛堂、大方堂、钟鼓楼等一套完整的建筑物。钟鼓楼的钟声透过大梦山的松林，传至西湖，坐拥西湖，钟声亦往耳边，声平耳边。景点利用"远借"的园林艺术手法，使西湖与西禅寺遥相呼应。

4. 湖心春雨

西湖有湖心亭，坐落于一小岛上，距岸西 30 多米，屹立于水中，岛内湖光山色，环览无遗。晴天游岛，风景绝佳，四周杨柳芙蓉飘逸，绿草如茵，而在雨中望湖心岛，更是别有情趣，岸边的垂柳、烟云与湖水融合，构成一幅秀色的美景，如一幅泼墨画，犹如仙境之中。

5. 大梦松声

在大梦山上建梦山阁、松涛亭，完善景点建设。大梦山，占地 100 余亩，位

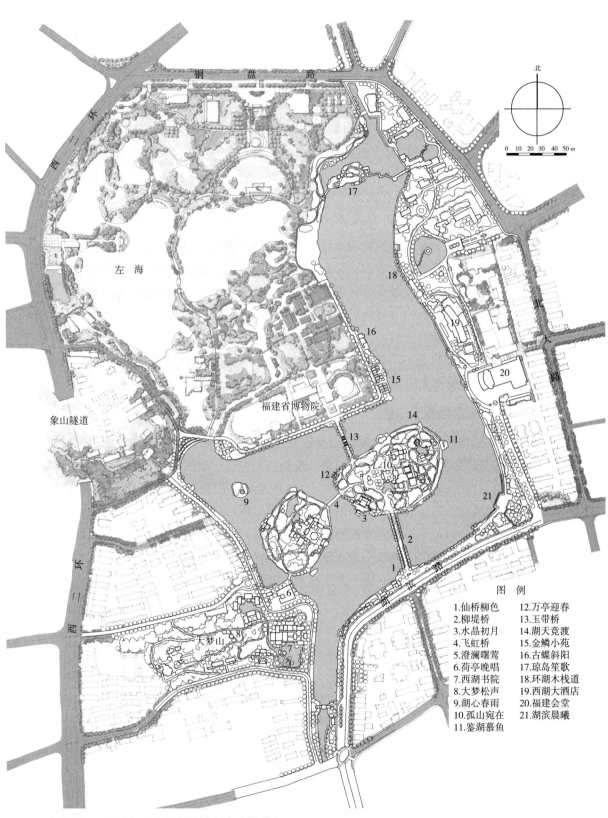

铜盘路

西二环

北

0 10 20 30 40 50 m

左 海

象山隧道

福建省博物院

西三环

大梦山

湖滨路

北大路

17

18

16

15

19

20

14

11

10

12

13

9

4

3

2

1

21

6

8

7

5

图 例

1.仙桥柳色　　12.万亭迎春
2.柳堤桥　　　13.玉带桥
3.水晶初月　　14.湖天竞渡
4.飞虹桥　　　15.金鳞小苑
5.澄澜曙莺　　16.古蝶斜阳
6.荷亭晚唱　　17.琼岛笙歌
7.西湖书院　　18.环湖木栈道
8.大梦松声　　19.西湖大酒店
9.湖心春雨　　20.福建会堂
10.孤山宛在　　21.湖滨晨曦
11.鉴湖慕鱼

西湖公园平面图（福州市规划设计研究院提供）

于西湖之西，苍松翠柏，姿势遒劲，多为百年老松，虬枝铁干，黛色藓皮，蟠青层蹬，轻风吹过大梦山松林，阵阵松声传出，在西湖周边都可以听到阵阵松涛，在历史上为西湖的主要景点之一。

6.古蝶斜阳

景点位于现福建省博物院东侧，临水而建，以苍色下湖面景色取胜，斜阳下印着山峦，湖波为古城抹上了一缕霭霭的暮色，农家的炊烟袅袅升起，湖面上烟水茫茫，远望双塔三山，龙腾虎峙，八闽大地尽在眼前，是风云奥区、人文渊薮。

7.水晶初月

水晶宫为古人跨越城墙而建的便道，便于游玩设宴，每到月亮升起，水天一色，景色素美，站立窗前，月光明亮，湖光空邃，亭台楼阁如一幅云雾朦胧，为月下赏景之所。该景点是在现存姊妹亭的位置，修复了一组水上亭台廊榭，恢复水晶初月之景。

8.澄澜曙莺

澄澜曙莺景点名称来源于沈钟的诗句"湖上澄澜阁，春来淑景明"，营造出春日拂晓时流莺绕树习鸣的意境。

（三）西湖新八景

福州西湖公园的扩建，一是依照历史性、文化性、休闲性、亲水性、可持续性的原则，通过对西湖公园景区及周边与城市接触面的景观规划设计，形成以"山、水、城"为主导的"大西湖"景区空间；二是利用城市周边用地开发，创造环西湖外环景区，开辟环湖游客步行道，增加旅游路线及增强可达性；三是创造西湖公园两个不同的景观特征区，环湖景区将成为都市游乐观光区，而湖心区将成为古典山水园林核心景观区，两者共同构筑独具魅力的西湖文化品格。在修建过程中，结合"古八景"及现有的西湖景点，重新整合出了西湖"新八景"。

1.鉴湖慕鱼

鉴湖慕鱼位于西湖后山，"亭台楼榭、小桥流水、疏影扶芳、溪鱼唼月"，极具诗情画意。同时，鉴湖慕鱼影壁与西湖宾馆隔水互为对景，相映成趣。

2.金鳞小苑

金鳞小苑位于西湖博物院内，是为游人提供赏鱼戏水的场所。西湖内的金鱼由始于1949年北后街77号"屏麓山庄"主人邹鼎先生的献赠。他有40年饲养金鱼的经验，金鱼有凤尾、黑龙睛、狮子头、望天球、五彩鹅冠、鹤顶红等珍贵品种。

3.孤山宛在

孤山宛在建在开化屿的中心，包括开化寺、宛在堂、诗廊。开化寺前改建了葫芦泉，并恢复了铁拐李雕塑及完素、矩节两亭，形成"孤山宛在水中央"

的景色。

4. 湖天竞渡

湖天竞渡位于开化屿东北面的湖边。亭为木构，两层，形似停在岸边的船。此亭基为石砌，紧依水岸，前部尖呈船形，突出湖岸。春夏之交，湖水盛涨，湖面宽阔。由于船亭伸出水面，宛如一船置于大湖中，登临船亭，凭舷倚栏，五凤、白龙、铜盘诸山，尽收眼底，湖光山色相映，俯望湖面烟波浩渺、湖天云影。此乃观龙舟竞渡之佳处也。

5. 万亭迎春

在开化寺前湖边，修复了万字亭，并栽植碧桃和海棠，形成万亭迎春景点。重塑开化屿北面的湖岸线，使建筑临水，因水而具有灵气。

6. 湖滨晨曦

在湖滨一带，改造"爱我西湖"景点，修建"西湖胜境"牌坊，营造市民活动广场，合理的功能分区让各个人群都能够在场地内找到适合自己的活动场所。并利用植物与亭廊分割空间，创造宜人的尺度空间。

7. 琼岛笙歌

景点设计在北湖岛修复了飞云楼，设置了仿古休闲项目，为现代人提供在古典园林空间中的游乐项目，也是市民夜间休闲的重要场所，是夜西湖的一颗明珠。

8. 西湖书院

西湖书院位于原福州动物园山脚一带，背靠大梦山。西湖书院原建有三公祠、文昌阁、报功祠等建筑，后结合现状新建西湖书肆、松风读书处及鹅池，并修建西湖古街，营造浓厚的传统文化氛围，突显福州历史文化名城的底蕴。

四、实习作业

（1）总结福州西湖的驳岸类型和不同类型驳岸的水生植物配置特点，并绘制示意草图。

（2）试从山水格局、城市开放空间和城市生态效益等方面，分析对比福州西湖与杭州西湖的异同。

（3）草测鉴湖慕鱼景区，并分析其园林艺术特点。

（闫　晨　杨　葳编写）

厦门园林

【厦门白鹭洲公园】

一、背景资料

　　白鹭洲原是筼筜湖湖中台地，现为厦门最大的全开放广场公园，是厦门市"国家重点公园"，毗邻市政府行政中心、滨北金融区及繁华老城区。白鹭洲公园主体部分分为中央公园和西公园两部分：中央公园面积为 5.9 hm^2，西公园面积为 10 hm^2。

　　筼筜湖旧称员当港，与大海相通。厦门二十名景之一的"筼筜夜色"就是从古景"员当渔火"演变而来，20 世纪 70 年代围海造田，筑建浮屿到东渡的西堤，西堤筑成后，渔火便消失了。1993 年政府实施"梦之岛"开发计划，移土平整，员当港成为内湖，湖内水域面积 1.7 km^2，湖中台地 40 hm^2，小岛遂成为绿洲，以市鸟白鹭为名，将其命名为"白鹭洲"。"筼筜夜色"的景观就是以白鹭洲为主体，并与筼筜湖两岸的博物馆、人民会堂、林立的高楼及群山，共同形成城市中心带中的休闲游览区。

二、实习目的

　　（1）了解白鹭洲公园的成因，掌握城市绿地规划中布置具有地标性质的公园绿地的方法。

　　（2）白鹭洲作为筼筜湖的湖中岛，四面环水，分析临湖景观要素的组织及其与城市景观的视线关系。

　　（3）学习台地的处理手法，并分析标志性构筑物的尺度、色彩、位置等。

三、实习内容

（一）总体规划

　　白鹭洲是厦门市中心的一个小岛，公园是在原有台地的基础上进行的重新规划设计，被南北方向两条城市干道划分为西部、中部、东部 3 个不同主题的区域。西区的主题为"文化寻梦"，因其临近开阔水面，以开阔的广场和草地的景观要素为主，分布有影剧院、音乐广场等；中部则展现"绿色家园"的主题，以大面积开阔的公共绿地为基调，修建了白鹭广场及相关户外设施；东部则以"都市节奏"为主题，呼应着城市干道两侧的高层商贸办公区，使白鹭洲呈现出高中低相结合，跌宕起伏和富于变幻的空间形态。

　　公园内的地势平坦，没有显著的高地或低洼，有大面积开阔的广场，成为厦门市举办市民社会活动，如赏灯、猜谜等传统民俗活动的场所。

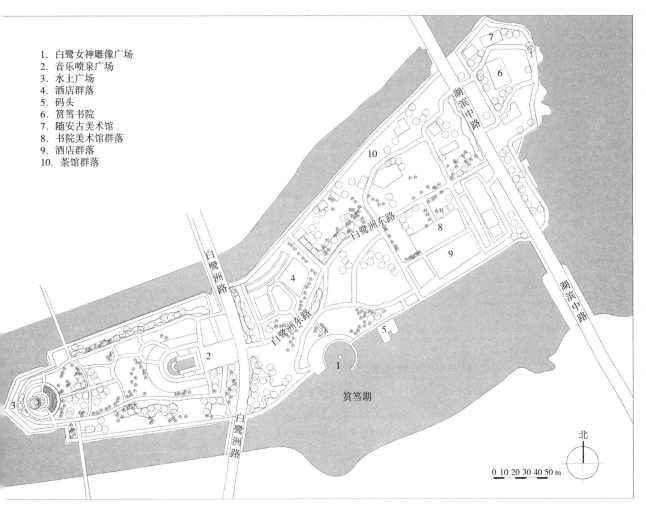

1. 白鹭女神雕像广场
2. 音乐喷泉广场
3. 水上广场
4. 酒店群落
5. 码头
6. 筼筜书院
7. 随安古美术馆
8. 书院美术馆群落
9. 酒店群落
10. 茶馆群落

白鹭洲公园总平面图

（二）功能分区

白鹭洲公园现由 3 个片区组成：西片区是 1997 年厦门市政府为迎接香港回归而建设的，并立"回归"基石置于公园的入口处，该片区设有音乐喷泉广场、水上广场等供市民休闲与举办大型群众文化活动的重要场所；中片区为中央公园，以游人回归自然的观赏要求为主题思想，厦门主要的城市标志之一——白鹭女神雕塑立于园南游艇码头；东片区的筼筜书院是新近建成的传播、研究、交流国学的基地。

1.西公园

西公园主要由音乐喷泉广场和水上广场组成。两个广场分立两头，广场之间的绿地穿插蜿蜒的步道，游人漫步其中能欣赏绿地中各种植物组成的群落，并可眺望对岸的城市风光。

2.中央公园

中央公园由园路分为南北两部分，北侧多为酒店、茶舍等建筑，南侧则屹立

着白鹭女神雕像。雕像旁的广场以圆形花岗岩驳岸环抱，彰显鹭岛特色。

3.东公园

东公园毗邻湖滨中路，园区内分布有筼筜书院、随安古美术馆、华祥苑儒士茶文化交流中心。书院作为园区内最具代表性的建筑，2017年金砖会议期间，俄罗斯总统普京和国家主席习近平也曾到此参观。书院规模约为$3.8\times10^4\,m^2$，绿树翠竹掩映，且三面环水，具有优美的自然环境。书院主体建筑位于园区中心位置，采用现代材料构筑，既体现中国传统书院格局，又富有闽南建筑风格，周围环抱3栋"学田"，均为高品质的文化艺术馆，形成了书院氛围浓郁的传统文化聚集区。

（三）空间处理

公园原是一个台地，在空间处理上采用隆起和下沉手法营造高低错落的空间层次，并以修剪整齐的绿篱来进行空间的围合，同时借助不同的材料肌理对空间进行二次限定。

公园内以大面积开阔的草坪空间、广场空间与水面形成对比，淡化公园四周大面积的水体，让自然的花草树木进入人们的视野，公园通过棚架、坡地、岩石等创造立体绿化，在丰富公园的景观层次的同时为鸟儿提供了更多的栖息场所。

（四）绿化配植

白鹭洲公园以休闲大草坪作为绿色基底，选用了大王椰子、蒲葵、狐尾椰子等棕榈科植物营造椰风海韵的景致。公园植被多呈带状、片状种植，树种主要为厦门地区常用的木本植物，如凤凰木、吊瓜树、大叶榕、高山榕、盆架木、台湾栾树、垂叶榕、火焰木、大花紫薇、紫薇、夹竹桃、红车、扶桑、红叶石楠、栀子花、月季等，林下还种植有草本花卉，如百子莲、蜘蛛兰、三色堇、夏堇、万寿菊、孔雀草等，丰富植物景观。

四、实习作业

（1）观察公园内如何处理台地，分析公园的竖向设计。

（2）公园是如何运用各种景观要素来组织活动空间，为开展不同的活动服务的？

（3）实测公园内的小型茶室1～2个。

（4）速写园内景观组合最佳处2～3幅。

（庄晓敏 编写）

【厦门海湾公园】

一、背景资料

厦门海湾公园位于厦门西海域和筼筜湖之间。公园北侧是居住区,东侧为筼筜湖和沿湖密布的城市建筑,南邻市政污水处理厂,西侧为辽阔海域,公园占地总面积 20.01 hm^2。

由于公园位于重要的地理位置,通过公园建设将大海的景观引入筼筜湖和城市中心地带,使大海与筼筜湖连为一体。在 2000 年拆除了原场地上的农贸市场,平整土地,在场地的南北两侧堆积了两个大土堆,并在 2004 年委托北京多义景观规划设计事务所进行设计。

二、实习目的

(1)了解厦门海湾公园的总体布局和规划特色。

(2)学习从环境特质入手的园林设计方法,分析厦门海湾公园与周边自然环境、城市环境的关系。

(3)掌握公园的地形设计、空间塑造手法,学习不同景观要素之间的对比与统一。

三、实习内容

(一)总体布局

设计从公园自身及周边的环境特质入手,把公园分为风格不同的东西两个部分,东侧用不同高度和不同形态的修剪或未修剪的植物分隔出尺度各异的大小空间,呼应东侧较为封闭的筼筜湖的尺度;西侧是开阔的草地,与辽阔的海域相协调。考虑到公园南北两侧分别与污水处理厂及居住区相连,且用地局促,将原有的土堆塑造成地形,分设南北,与周边环境过渡,增加景观层次,同时利用南侧污水处理厂的中水设计水花园。

(二)功能分区

在公园中心,沿南北方向设计一条锯齿线道路,把公园分为东西两个部分,东西方向设计一条笔直的线性景观道,同时为了加强筼筜湖与大海的连接,沿公园东西向等距设计了 5 条笔直的小路,共同与锯齿线道路组成公园的道路路网,并规划有踏星广场、天园、地园、林园、水园、草园与海滨风光带。

1.踏星广场

踏星广场在公园的中心,空间开阔,直接将大海的气息导入陆地,连接城市内湖。地面照明设地下泛光,从穿孔钢板的孔中轻松将灯光透出,与繁星遥望。

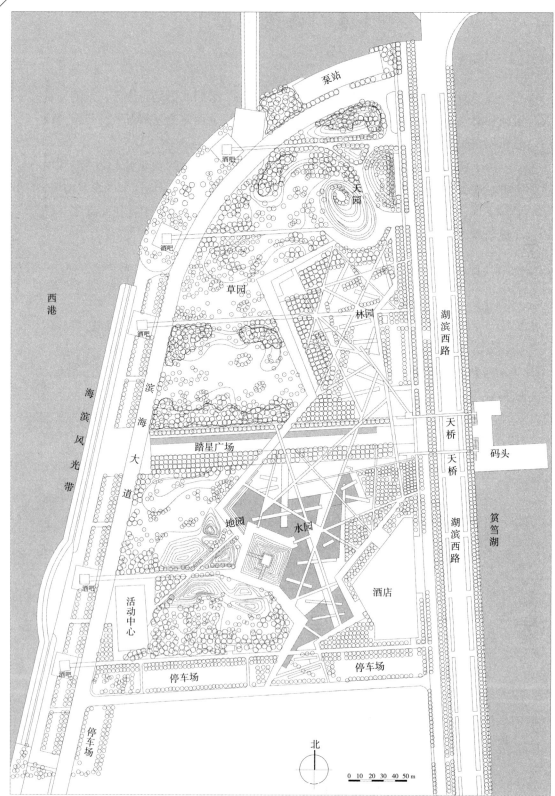

海湾公园总平面图

5条副轴线上的地灯沿道路中心线阵列布置，纯蓝色光点醒目、纯粹，引导道路，像导航灯般指引大海的方向。

2. 天园

天园位于公园的北端，是公园北侧的制高点，主体景观为原有土堆塑造成的螺旋地形。道路环地形缓缓而上可达地形顶端俯瞰园区景色。

3. 地园

地园位于公园南端，是公园南侧的制高点，主体景观由方锥地形构成，可通过台阶登顶，视野开阔。

4. 林园和草园

林园和草园位于天园的南侧，由锯齿线道路分隔。林园的景观营造层次丰富，从地面至空中，道路、矮篱、中篱、高篱、树列、栈桥、树林层层叠加、互相穿插，空间层次自然、灵活、宁静、深远而丰富。林园中的道路随机而有所指向地穿插交错于不同的空间之中，人们可自行设计和选择在这些空间中的休息、娱乐方式。草园则以疏林草地为主要造景要素，在绿色草地的基底上用植物的疏密种植进行分隔屏障的设定及草坪空间的营造。

5. 水园

水园利用公园南侧的城市污水处理厂处理后的中水塑造水花园，通过水生植物使中水进一步净化，进入公园的灌溉系统。沉水植物、浮水植物、不同高度的挺水植物和漂浮在水面上的步行道、栈桥、树列、树林叠加共同构成水园的空间层次。不同高差的水面形成跌水泉，数条道路相交汇合，与锯齿线路边台阶呼应，成为水剧场。

6. 海滨风光带

海滨风光带主要作为人们纳凉消暑的地方，也是餐饮服务场所所在。

（三）道路

公园的道路系统主次分明，东西6条园路和南北3条道路，构成贯通公园东西和南北的主要道路系统，其中公园中心的南北锯齿线道路作为园区主轴，连接天园、地园，笔直的东西向道路将人们的目光引向大海的方向。在林园和水园的设计中则通过游步道进行随机穿插划分空间。

（四）空间营造

在空间的塑造中运用隐喻和对比手法，将大海的力量、神秘、温情、奔放、包容等意象融入海湾公园的设计中。锯齿线隐喻大海的潮汐，道路、修剪和不修剪的各种植物交错穿插，对比又统一，充满力量感，柔和或棱角分明的地形使大地雕塑化，从中感受大海、宇宙的无穷力量。

公园中的植物、地形、道路和场地都具有强烈的对比，同时又统一于特定的

秩序中，公园用最简单的景观要素，创造出丰富、神秘、变化的空间，同时又使空间更加人性化，为人们的使用提供更多可能，成为厦门市具有海滨特色的市民公园。

（五）植物配置

公园内种植的植物主要为厦门地区常见的花木，根据不同功能区的不同设计风格而采用不同的形态。为呼应天园、地园的现代艺术地形，在植物种植上采用较规整的形式，在天园以修剪造型的黄金榕沿等高线种植，园内主要有小叶榄仁、华棕、加拿利海枣、假槟榔、蓝花楹、黄花风铃木、高山榕、大叶榕、白皮榕等进行列植、林植。其他自然式种植植物主要有黄花槐、皇后葵、大王椰子、海南蒲桃、大花紫薇等，林下地被主要有三角梅、黄金叶、翠芦莉、红花檵木、软枝黄蝉、龙船花、扶桑等。水园中种植了芦竹、再力花、千屈菜、睡莲、香蒲、水葱等。

四、实习作业

（1）厦门海湾公园是以环境特质为出发点进行的设计，试从公园的总体布局、路网组织、景观组织等分析公园如何与环境呼应。

（2）分析公园内的天园、地园的地形设计方法及水园的平面组织形式。

（3）学习海湾公园的植物配植方式，分析如何选用恰当的植物并以建构的手法进行空间营造。

（庄晓敏 编写）

【金榜公园】

一、背景资料

金榜公园位于厦门市思明区厦禾路火车站西南面约 500 m 处，鼓浪屿—万石山国家级风景区西北部，西起金榜山，东至梧村山，北近厦禾路，南至金亭山和面前山，面积 91 hm²，与西部的万寿山、阳台山共同组成"金榜钓矶"景区，为鼓浪屿—万石山国家级风景区十大景区之一。梧村山为全园最高处，海拔208.96 m，最低处金榜山、金亭山山麓海拔 16 m，相对高程 192 m，整个地势由东南向西北倾斜，由主要山峰间构成的谷地分布在倾斜部，谷地下部多平缓，山体除局部平缓外多陡峭，平均坡度在 20° 以上。

金榜山和梧村山（宝山岩）为传统风景区，唐宋明清文物古迹荟萃，是厦门文化的发祥地之一。另外，此地层峦叠嶂，奇岩邃壑，古木参天，青山流水，为公园的建设提供了良好的自然基础和人文基础。1990 年在厦门市政府的支持下，由区政府负责筹建以金榜山自然环境、历史古迹为依托的集休闲、观光、纪念、文化等为一体的综合性城市山地公园。

二、实习目的

（1）了解金榜公园的建园背景及资源条件，学习公园景区划分的方法。
（2）了解金榜公园的总体规划内容和布局特色。
（3）掌握山地公园的设计手法及地形处理方式。

三、实习内容

（一）总体布局

金榜公园是鼓浪屿—万石山风景区中的十大景区之一，规划布局服从整个风景区结构、分区布局的需要。公园的开发建设以保护自然环境、人文环境为前提，重点保护景区内的景点、名胜古迹、生态环境，注重历史文脉的延续，尊重历史和文化，在充分挖掘、利用公园现有景观资源的基础上，结合 4 座山峰的地形地貌、植被及其所蕴藏的人文景观，同时考虑人们游览的需要进行合理规划设计。

（二）景观分区

金榜公园根据景区划分原则、景观资源和开发条件可分为 4 个景区：海滨邹鲁、石簇迷雾、翠谷浮香、古道春荫，规划设计围绕 4 个景区的不同特点而展开。

1.海滨邹鲁
范围为金榜山部分，是人文景观荟萃之地，分布有陈黯石室、海滨邹鲁石刻

厦 禾 路

居住

中学

金榜路

文曾路

配套服务
停车场

服务

停车场

停车场

配套服务

天桥

北

1. 公园入口
2. 陈化成墓
3. 海滨邹鲁
4. 陈黯石室
5. 迎仙楼
6. 玉笏石
7. 门球场

0 10 20 30 40 50 m

金榜公园平面图（摹自金榜公园详细规划总平面图）

220

和抗英名将陈化成墓。该区定位为文化活动区，以欣赏、领略其文化内涵为特点。

2. 石簇迷雾

范围为面前山部分，有架空过道桥与金榜山相通。景区内美岩遍布，以簇石为著，山涧谷地多幽静，景区以观石为主，规划保持原有的山林野趣，动中有静，静中有动，开辟为娱乐活动区。

3. 翠谷浮香

包括金亭山主峰、山麓谷地、宝山寺、宝莲池、圣泉等景点，是南普陀外的又一佛教圣地，作为古刹名胜区。

4. 古道春荫

为梧村林区，以游览明清古道为主，林荫蔽日，野趣极浓，从古道登山可达山脊前沿裸露巨石，俯瞰厦门城区市容，沿山脊南上可达公园制高点梧村山主峰。该区供人登高远眺，欣赏山景、林景、市景，回归大自然，返朴归真，享受野趣。

（三）主要园景

1. 公园主入口

公园的第一景区，原是老居住区旧厂房仓库，公园大门和陈化成将军的墓园都处在喧闹杂乱的环境中，为改变这一现状，营造宁静的纪念性景观和引人入胜的园林环境，将旧建筑拆除，通过一线五点的手法将公园大门入口作为城市和公园纵深的过渡空间，并将公园的山、石、水等特色进行展示，达到开门见山、先声夺人的效果。以多彩石铺设的蜿蜒游览道路，并选用速生树种巨尾桉、垂榕形成绿色隔墙分隔九中校区，以小品、雕塑等增加入口景观，通过堆土放坡、绿化斜坡的方式营造开敞空间，分解高直的挡土墙，突出园标玉笋石、海滨邹鲁等天然地标巨石。

2. 迎仙楼

位于海滨邹鲁区，是一座仿古建筑物，与金榜玉笋石紧密相连，遥相呼应。"迎仙楼"取名于唐朝隐士陈黯隐居在金榜山，并在山上辟筑茅屋为"迎仙楼"，寓"山不在高，有仙则名"之意。

"迎仙楼"总建筑面积为 414.4 m²，采用闽南地区建筑风格，依照地形高低错落，采取亭、廊、楼相结合的方式。建筑主体采用重檐歇山顶燕尾翘的手法，也结合了地方寺庙建筑的风格，加上红砖绿瓦的装饰。建筑局部 2 层，由 3 个大厅及廊、平台组成，廊的四周设有花岗岩石凳，3 个大厅在设计上综合考虑了其使用功能，既能作为画展、花展，也可作为餐厅、茶室，或是音乐舞厅及现代娱乐场所。现在主要作为公园的茶楼，为附近市民提供品尝功夫茶、促膝交谈的场所。

3. 金榜钓矶

金榜钓矶原址为唐代文学家陈黯隐居时垂钓的地方，为厦门二十名景之一。原址现有损毁，公园规划建设中巧用采石坑进行人工造景，立面进行人工塑石与原花岗岩浑然一体，临壁修建仿竹凉厅，在厅的前方造一片沙滩，在水池中以仿树头塑石汀步贯通，再现当时悠然自得的垂钓场景。

4. 紫竹林寺

占地 5000 m^2，由大雄宝殿、图书馆、教学楼、宿舍、宝莲池组成，是闽南佛学院女子班的教学区，大殿采用闽粤式翘脊燕尾重檐，体现闽南寺庙建筑风格。

（四）植物配置

金榜公园不仅荟萃了唐、宋、明、清文物古迹，而且园内古木参天。据调查，现有树龄达 300 年以上的古树有榕树 4 株，樟树 1 株，杧果 3 株，有 1 株最粗大的芒果根茎已腐烂中空。在绿化时对古树名木采取有效的保护措施，使其长葆青春。园内各区依其特点进行绿化。

1. 海滨邹鲁

海滨邹鲁区的绿化配置选用厦门市市树凤凰木为主树，兼配大王椰子、假槟榔、华盛顿棕榈、海枣等极具南国风光的树种。园内还种植有乔木象牙红、木棉、洋紫荆、蓝花楹、大花紫薇、美人树、黄花槐、羊蹄甲，花灌木毛杜鹃、双荚槐、红绒球、巴西野牡丹、软枝黄蝉，地被小蚌兰、黄金叶、变叶木、花叶艳山姜、冷水花、红桑、合果芋等，共同形成公园的四季景观。公园内的水景营造则是以水中种睡莲，水池周围配以不同季节开花的灌木及多年生草花，如三角梅、云南黄素馨、扶桑、美人蕉、马缨丹等。

2. 石簇迷雾

该区现有的植被林主要是 20 世纪五六十年代荒山绿化时种植的相思树，园区内的相思树大多数不具观赏价值，经常性的大量落叶加重了管理负担，所以在公园的规划建设中以原有的台湾相思树为主逐步进行林相改造，对其进行彩化、亮化。选用绿竹、佛肚竹、黄金间碧玉竹、木棉、羊蹄甲、洋紫荆、象牙红、黄槐、红叶朱蕉、变叶木、山茶花、毛杜鹃等进行搭配，构建有自生能力的植物群落。

3. 翠谷佛香

在放生池边配置海枣林、大王椰子，再现南国风光；原有的古树杧果、榕树、樟树为寺庙园林增加了古朴气息，搭配寺观园林常用的树种佛肚竹、菩提树、南洋杉、木棉、松柏等散植于堂前殿后，点缀云南黄素馨、紫薇、桂花、碧桃和香花植物白玉兰、茉莉、栀子花等，营造翠谷佛香的意境。

4. 古道春荫

在亭、台周围及游览道路两侧配置地被花卉如马缨丹、月季进行彩化，另外

栽种一些具有环境效益的植物如樟树、桉树、松柏等，使人们在漫步古道时尽情享受森林浴。

（五）道路

公园采用"小"交通和"大"交通相结合，通过理顺公园交通和城市交通的关系，在道路设计上精辟地诠释了"顺势辟路""起伏顺势""曲折有情"，真正做到了与地形的巧妙结合。

四、实习作业

（1）分析金榜公园的总体布局及景区划分和闽南建筑特色。

（2）了解金榜公园的地形地貌，分析公园如何"依山就势"进行规划设计。

（3）草测迎仙楼，绘制平面图、剖立面图。

（4）选取金榜公园内景观组合最佳处，速写 2 ~ 3 幅。

（庄晓敏 编写）

【菽庄花园】

一、背景资料

菽庄花园位于厦门市鼓浪屿南端的港仔后，面向大海，背倚日光岩，花园总面积 20 328 m^2，其中水域 3352 m^2，建筑物 2451 m^2。

菽庄花园是厦门士绅林尔嘉于 1913 年建造的私家园林，并以他的字"叔臧"的谐音命名。园内有白水洋水景风光，有火山岛之礁石，又有兔耳岭高山草甸之美，是一座富有诗情画意的海边花园。

二、实习目的

（1）了解菽庄花园的历史发展沿革，明确其在闽台园林中所处的历史地位。

（2）通过实地考察、记录、摄影、测绘等方式掌握菽庄花园的总体布局和造景手法等。

（3）分析菽庄花园中 3 个最具个性的园林艺术特点，体会"园在海上"的特殊意境。

三、实习内容

（一）总体布局

菽庄花园利用天然地形巧妙布局，以中剖之水闸为界，从总体布局上分为"补山园"和"藏海园"两大部分，旧时各分五景。补山园是菽庄花园最早建成的部分，其五景为顽石山房、十二洞天、亦爱吾庐、听潮楼、小兰亭。藏海园五景则为眉寿堂、壬秋阁、真率亭、四十四桥、招凉亭。

（二）园景

菽庄花园的建造是以园藏海、以园饰海、以海拓园、以石补山、以洞藏天。

1. 补山园

补山园位于菽庄花园北部，在石墩顶及其西的平地上。整个补山园呈带状之势。主要分为北部假山建筑群和南部的花木群，北部不仅是园主的居住之地，还是补山园的构图中心、景色的精华所在。补山园五景现只有"十二洞天"尚存，顽石山房、亦爱吾庐、小兰亭只能确定其大致位置。

顽石山房位于石墩顶的西北坡，环境幽静。顽石山房是园主的书房，取名自佛教"生公说法，顽石点头"的典故。但山房现已不存在。

顽石山房之南是"十二洞天"，它是用珊瑚石、海蚀石堆砌而成的人工叠山，山体紧依石墩顶崖壁，其高差达 10 余米，分作数层台地。假山内有按地支编列的十二洞室，像猴子洞，洞室大小、形状各异，小径错落，上下盘旋，曲折迷

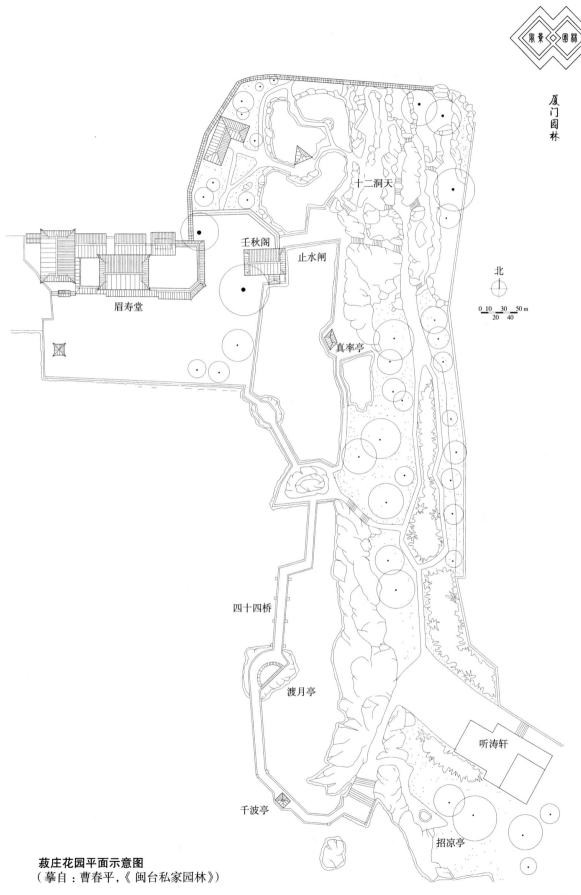

十二洞天

壬秋阁

止水闸

眉寿堂

北

真率亭

0 10   30   50 m
   20   40

四十四桥

渡月亭

听涛轩

千波亭

招凉亭

菽庄花园平面示意图
（摹自：曹春平,《闽台私家园林》）

离。假山下临开阔的水池，山水相衬，富有诗意。

亦爱吾庐的位置现今大概是在菽庄大门的东北侧，与十二洞天相对，但具体规模、形制不详。该处为园主的书斋，昔日用竹篱笆围起来，并种菊花。名字由来可能取自陶潜《读山海经》："众鸟欣有托，吾亦爱吾庐。"或是张可久《人月圆·三衢道中有怀会稽》曲："不如归去，香炉峰下，吾爱吾庐。"

听潮楼是一座两层楼阁，上为盝顶，四面及一层施披檐，面海有宽阔的前廊。20世纪40年代因年久失修而倒塌。

小兰亭是一座八角形的小亭子，效仿王羲之修禊之事，故取名为小兰亭，位于补山园与藏海园分界处的之水闸上。该建筑于1959年8月毁于台风。

2. 藏海园

藏海园位于补山园以南。其西为邻近港仔后沙滩的台地，向南沿着石墩顶的余脉，地势渐低，西临大海，为一条南北狭长的地段。该园为庭院布局形式，构图以水面为中心，由四十四桥将大海和庭内水池隔开，北岸有亭阁环绕，南部四十四桥串联亭子。北部岸边壬秋阁、听潮楼、小兰亭、真率亭依次展开，形成一幅优美景色画面。南部亭子之间视野比较宽阔，是借景的最佳地点。

菽庄的入口处即位于藏海园之眉寿堂处，是园中最大的单体建筑，为园主宴请宾客的地方。它所在的园门入口内右侧的台地上，是藏海园中位置最为开阔的地带，前临近海、眺远山，后以日光岩为屏。庭院中原种植有竹子等植物。眉寿堂前面有抱厦三间，称之为"谈瀛轩"，进深两间。

穿过眉寿堂庭院，即壬秋阁，是一个三开间的跨水亭榭，一半在水中，一半在陆上。因建于1922年农历壬戌之秋，故得此名。该建筑屋顶重檐，在硬山顶四面周匝围廊，构成下檐，是闽、粤地区特殊的建筑造型。屋檐平直，翼角略有起翘，局部装饰受西洋建筑的影响。壬秋阁与入口庭院的次门正对，不仅作为藏海园内庭水池的终点，还是进入菽庄花园之后视线的一个障景，将菽庄花园的大部分景色藏于后部，绕过壬秋阁，豁然开朗，整个菽庄花园才出现在视线内。如今的壬秋阁是近年在原址上用钢筋混凝土材料重建的，重建时略仿原样，在三间歇山顶上另加一个小的悬山顶。

真率亭位于壬秋阁左前方，背山临内池，于1977年重建。

真率亭之南有巨石矗立垒石，正面刻有"海阔天空"，背有"枕流"，是整个藏海园的视觉中心，也是四十四桥的起始点。该桥因建时园主时年四十四岁得此名。四十四桥桥长百余米，是藏海园中主要游览路线。桥中间每隔数米分别有渡月亭、千波亭、招凉亭和观潮亭。桥傍山渡海，蜿蜒起伏，桥内侧石岸错落，外则海浪汹涌，景色变幻，是藏海园中造景最为成功之处。

（三）造景手法

1. 藏海

刚进菽庄花园中不能直接见到海。需走过一堵黄墙，转出月洞门，绕过竹林，最后突然"海阔天空"，让人有突然见海的惊喜。先把海"藏"起来，而后大海奔腾而至，引人踏海而行，来到海中的"观潮楼"。

2. 巧借

菽庄花园远借南太武山，临借各式建筑，仰借日光岩，俯借大海沙滩，借船帆破浪，借鸥鹭乘风。将他物收入园中，不仅丰富自身景观，而且让花园显得大气，原本应只有墙内之景，实际上却延伸到广阔的天地中去。

3. 动静结合

园中对动与静的处理也颇为独到。坡面上的"十二洞天"，洞洞相联，让孩子们去追玩，显出跳动出没的动景；坡边让人休息观景的小亭小阁，营造出静雅的环境。海潮流动，长桥安卧，岸上花团锦簇，天地之间一片和谐。

（四）植物配置

菽庄花园中的植物繁茂，植物多为常见的闽南植物，有罗汉松、无忧树、垂叶榕、蒲葵等。有些高大的植物利用它们自然生长的优势"自成天然之趣，不烦人事之功"，形成了树木林立的植物区；有些形体较小的植物则经过人工精心维护。

四、实习作业

（1）草测千波亭、招凉亭及其环境，绘制平面图、立面图。

（2）选取菽庄花园景观组合最佳处，速写 3 幅。

（3）以实地考察为基础，分析菽庄花园的造园特点及手法。

（庄晓敏 编写）

【厦门园林植物园】

一、背景资料

厦门园林植物园俗称"万石植物园"，始建于 1960 年，位于福建省厦门岛东南隅的万石山中，背靠五老峰南普陀，紧邻中山路商圈，是福建省第一个植物园，鼓浪屿—万石山国家级风景名胜区的重要组成部分，占地 4.93 km²。在植物园范围内包含有厦门旧二十四景中的"万笏朝天""中岩玉笏""天界晓钟""太平石笑""紫云得路""高读琴洞"六景，涵盖山、洞、岩、寺诸景观，历代摩崖石刻众多，是风景名胜荟萃之地。在厦门新二十名景中，植物园也有三景：万石含翠、天界晓钟、太平石笑。

厦门园林植物园已引种、收集 7000 多种（含品种）植物，并已拥有相对优势的植物种类——棕榈科、仙人掌科和多肉（多浆）植物、苏铁科和藤本植物等，已成为国内引种驯化和园林建设的示范基地。

二、实习目的

（1）参观考察厦门园林植物园，了解植物园的总体布局及专类园的规划设计特色。

（2）学习厦门园林植物园中的水景营造，学习不同专类园的设计手法。

（3）识别植物园中常用的园林植物。

三、实习内容

（一）总体布局

厦门园林植物园是国家首批 4A 级旅游区，是省、市和国家级科普教育基地，福建省首批环境教育基地与保护母亲河生态教育基地。游览胜地的形成至少可追溯到明代万历年间。作为鼓浪屿—万石山国家级风景名胜区的重要组成部分，厦门园林植物园从规划着手，倾力保护原有自然景观和人文景观，修复多条登山游步道，控制违章建筑，景点、摩崖石刻保存基本完好。

厦门园林植物园是一座围绕万石岩水库精心设计的植物园林，园内山峦起伏，无山不岩，奇岩趣石遍布，沟壑纵横，山岩景观独特，除众多摩崖石刻，另有多处省、市级文物保护单位，园内主要水系樵溪和水磨坑溪从东至西贯穿全园，经百花厅后进入西北部的万石湖，是万石山最大水体。依托得天独厚的条件，建园以来，在大力汇集植物品种的同时，精心营造专类园，使新的人文景观与旧有景观交融，风景资源丰富和景观类型之多为国内其他植物园所罕见，已成

厦门园林

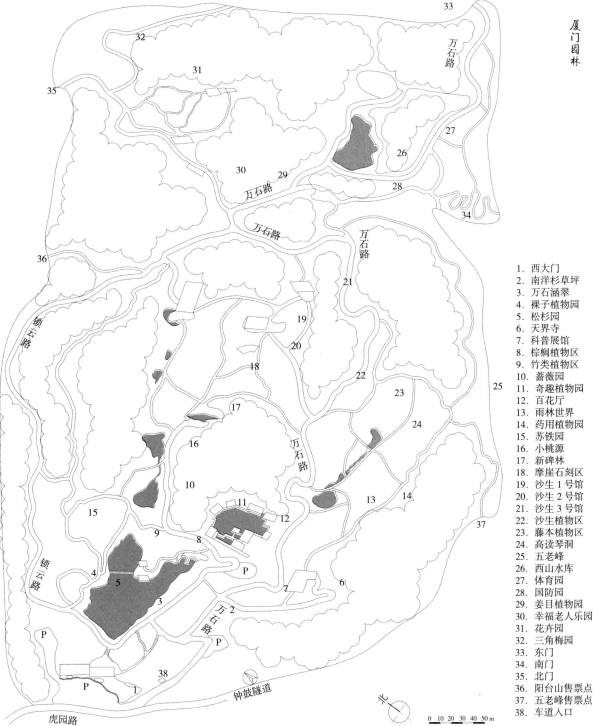

1. 西大门
2. 南洋杉草坪
3. 万石涵翠
4. 裸子植物园
5. 松杉园
6. 天界寺
7. 科普展馆
8. 棕榈植物区
9. 竹类植物区
10. 蔷薇园
11. 奇趣植物园
12. 百花厅
13. 雨林世界
14. 药用植物园
15. 苏铁园
16. 小桃源
17. 新碑林
18. 摩崖石刻区
19. 沙生1号馆
20. 沙生2号馆
21. 沙生3号馆
22. 沙生植物区
23. 藤本植物区
24. 高读琴洞
25. 五老峰
26. 西山水库
27. 体育园
28. 国防园
29. 姜目植物园
30. 幸福老人乐园
31. 花卉园
32. 三角梅园
33. 东门
34. 南门
35. 北门
36. 阳台山售票点
37. 五老峰售票点
38. 车道入口

厦门园林植物园总平面图

229

为国内颇具特色、影响广泛的园林植物园。

（二）专类园

厦门园林植物园建成了松杉园（裸子植物区）、蔷薇园、竹径、棕榈岛、沙生植物区、南洋杉疏林草地、雨林植物世界、藤本植物区、花卉园、药用植物区、奇趣植物区、百花厅、茶花园、引种驯化区、市花园、姜目园16个专类园区。

1. 松杉园（裸子植物区）

松杉园位于万石湖西边，园内有小池一口，池边有松鹤亭，亭的对面有一块岩石刻着"松鹤园"三字，池中有5只仿真白鹤，有的展翅欲飞，有的停立水中观望，有的觅食池中，有的休息，形态逼真。园内种植的松、杉、柏等有七八十种，其中最引人注目的有古代孑遗植物——水杉、银杏，这是200万年前冰川年代遗留下来的珍稀的树种，被人们称为"活化石"。此外，还有世界四大观赏树，即中国金钱松、日本金松、南洋杉。松杉园后还有前美国总统尼克松访华时赠送的"世界爷"——红杉以及智利南洋杉等。

裸子植物多为乔木，少灌木和藤本，多常绿，稀落叶。木质部多由管胞组成，韧皮部无伴胞。叶针形、条形或鳞形，少为阔叶状。孢子叶球常单性，小孢子叶聚生成小孢子球（雄球花）；大孢子叶丛生或聚生成大孢子叶球（雌球花），胚珠裸露在大孢子叶上。

全世界现存的裸子植物仅5纲9目12科71属，近800种。我国有5纲8目11科41属236种，其中有不少是"活化石"植物。该园引种栽培有5纲6目11科27属100多种（含变种），以南洋杉科和苏铁科为引种栽培重点。裸子植物多为用材树种，有不少是优良的园林绿化树种。

2. 棕榈岛

棕榈岛是厦门园林植物园中最具特色的专类园，已经引种驯化了各类棕榈科植物500余种，是我国引种栽培棕榈科植物资源最多的机构之一，包括加拿利海枣、大王椰子、砂糖椰子等。此外还有"林中美人"柠檬桉、鱼尾葵、蒲葵、意大利棕、白菜棕、大王椰子、"世界油王"油棕、糖棕等。棕榈科植物，不仅美化环境，供人观赏，而且其中不少还具有很高的经济价值。

3. 沙生植物区

厦门园林植物园的仙人掌世界，占地面积4 hm²，沿环山公路至半山腰，栽培各类沙生植物32科1200余种。现为中国最大的仙人掌园，分为室外展区和展览温室两大部分。室外展区有形如巨瓶的瓶干树、体型高大的象腿树、酒瓶兰、高大雄伟的武伦柱，还有三角霸王鞭、露兜树和各种仙人掌等。展览温室里各种仙人掌植物争奇斗艳，有国内自行栽培的最大金琥王，还有南非引种的生石花、棒叶花等多肉植物。

4. 南洋杉疏林草地

南洋杉草坪位于万石湖南侧，占地 12 hm^2，是园内具有明显特色的景区之一，种植高大挺拔的各种南洋杉，充分利用缓坡地表现高、大、宽、广的意境，是游人休憩、嬉戏的场所。

5. 蔷薇园

蔷薇园位于棕榈岛与万石莲寺之间，依地而修，始建于 1995 年，是一处以蔷薇科植物为主的专类园区，区内有"象鼻峰"和"万笏朝天"等景点。园内除了栽种蔷薇、月季外，还种植有梅花、桃花、火棘、绣线菊和木瓜等蔷薇科植物。

6. 百花厅

百花厅位于樵溪谷下部汇入万石湖的缓坡地带，始建于 20 世纪 80 年代，分两期建设而成，是植物园的主要室内花卉展区。百花厅中心为荷花池，池面上荷花、睡莲、王莲尽展风姿，建筑以传统中式庭园为构架，展厅沿池布置，或以廊连，或以路通，皆白墙粉柱、琉璃瓦顶，错落有致。沿廊顺路可观赏到各色具有南洋庭院风格的花木以及独辟一角的阴生植物棚架。每年的黄金周期间或有重大节庆，都有不同主题的花卉展览在此进行。

7. 雨林植物世界

雨林植物世界位于紫云景区内，占地约 16 hm^2，植物园两大水系之一的樵溪横穿其中，区内现存厦门旧二十四景的景外景"紫云得路"和"高读琴洞"，并有厦门市文物保护单位，建于明代万历年间的樵溪桥。雨林世界以有宽大的板状根，具滴水叶尖、茎上开花、绞杀现象、附生等特点的雨林植物为主。

8. 奇趣植物区

奇趣植物区坐落在百花厅的北角，面积 2.35 hm^2，种植各类特色植物 200 多种，建有轻巧简洁的温室和冷室，为形态迥异的趣味植物营造生境。区内汇集了近 60 年来引种驯化的园林植物精华和成果，是浓缩版的植物园。区内各种植物科属的"杰出"代表，有的相貌惊人，有的萌态可奇，有的色彩艳丽，有的气味奇绝，高矮胖瘦，奇形怪状，共同构成奇趣植物区的景观。

（三）园景

1. 万石山

万石山实为构成厦门岛主林的山脉，因岩奇石怪、千姿百态而得名。厦门园林植物园处于其中，占据着万石山最大、最秀美的区域，因而又称为万石植物园。景区以山岩景观和亚热带植物景观为主。厦门名景中"天界晓钟""万笏朝天""中岩玉笋""太平石笑""高读琴洞"等均位于此。植物园的各个景点内大多别有洞天，如百花厅的鲤鱼洞，海会桥下的"小桃源"石室洞天，新碑林中大大小小的奇洞异石等。

2.万石湖

万石湖原为万石岩水库，建于 1952 年，当年为厦门市的战备水库，由园中两大水系水磨坑溪和樵溪汇流而成，如今已成为植物园景观的核心。万石湖的北侧是松杉园、竹径，南侧为南洋杉草坪，东侧为棕榈岛、百花厅，西侧大坝上成排种植着原产美洲极具南国风韵的华盛顿棕，湖光倒影，别有一番景致。湖上"春秋""天趣"双桥成趣，另有"仰止亭""沧趣亭""适然榭"等水榭亭台点缀其上。草木葱茏汇成厦门名景"万石涵翠"。

3.长啸洞

天界寺后有一天然岩洞，洞中有石刻，为清乾隆时期黄日纪所题。洞的两头贯通，天风飒飒，声应洞中，山鸣谷应啸声不绝，故名"长啸洞"。此处镌刻有明代抗倭诸将的唱和诗，诗刻为省级文物保护单位。

4.醴泉洞

天界寺脚下有一洞，洞内有一井，洞中有泉水涌出，水质甘冽，可以酿酒，所以又称"醴泉"，洞也称"醴泉洞"，洞里供奉 9 位神仙。

5.天界晓钟

天界寺是明末清初由月松和尚募建的，供奉观音菩萨和仙翁，大殿的楹联"遍布慈云求大士，回生妙术托仙翁"即可见。以前这里的和尚每天清晨要敲钟108 下，以解"一百零八烦恼之梦"。天界寺居高临下，钟声特别悠扬，"天界晓钟"也就成为厦门旧小八景中的一景，也是厦门新二十名景中的一景。

6.新碑林

新碑林位于太平山的西北坡，这里的岩石大都被风化为球状。1982 年开始，厦门植物园广求海内外书法名家、诗人的墨宝佳作，1988 年则利用该片自然山岩，挑选部分作品镌刻于各巨石上。

7.郑成功读书处

太平岩寺的殿前有一海云洞。洞上有一八角亭，乃"郑延平郡王读书处"，当年，这里浓荫蔽日，格外清幽，郑成功曾住在太平岩寺，常到海云洞读书，谛听溪中泉水奔流。现此处已被列为文物保护单位。

8.万笏朝天

"万笏朝天"是厦门旧二十四景中小八景之一。过去万石山上未成片植树，远远望去，均为怪石。成排的岩石朝向同一个方向，似群臣拿着"笏板"在朝拜天子，故得名"万笏朝天"。

9.万石莲寺

万石莲寺位于"万笏朝天"巨石的下方，由于寺周多巨石，故得此名。它相传为唐代开元年间中原陈氏入岛开发时所建，是厦门岛上最早的寺庙之一，距今已有 1000 多年的历史了。

10. 象鼻峰

"象鼻峰"由两石并成，高七八丈，两石间隙极小，貌酷似象鼻，石头上面镌刻"象鼻峰"，由清朝雍正年间厦门海防同知李璋所题，李璋也是"万笏朝天"四字的题刻者。

11. 太平石笑

厦门二十名景之一，"太平石笑"由4块天然巨石构成，巨石两块相叠，一端贴合，一端张开，另两块巨石顶立，形成石门，自然构成"开口笑"的样子，石门右侧巨石上镌刻"石笑"二字，苍劲有力，书法上佳。此地地处太平岩地界，故得此名。石门背后有七言二句："石为迎宾开口笑，山能作主乐天成。"

四、实习作业

（1）结合植物园的环境特色，分析植物园的造景手法与布局特色。

（2）选取 2~3 个特色专类园，分析其规划设计特色及造景手法。

（3）选取园中景物组合最佳处，速写 2~3 幅。

（4）编写植物园中的常用园林植物名录。

（庄晓敏 编写）

参考文献

http：//www.nanliangarden.org.

本书编写组．1989．中国园林优秀设计集（一）[M]．广州：广东科技出版社．

陈尔鹤，赵慎．2005．新绛县绛守居园池续考 [J]．文物世界（6）：19-22．

陈尔鹤．1986．绛守居园池考 [J]．中国园林（1）：25．

樊宗师．绛守居园池记 [M]．赵仁举，注．吴师道，许谦，补正．钦定四库全书简明目录卷
    十五集部二别集类一．

李葛夫．2014．从南莲园池看中国园林的文化精神 [J]．志莲文化集刊，104-111．

李敏，等．2001．广州公园建设 [M]．北京：中国建筑工业出版社．

刘家麒．2015．有关《园衍》的几个问题向孟兆祯院士请教 [J]．中国园林（8）：29-32．

刘少宗．1997．中国优秀园林设计集（一、二、三、四）[M]．天津：天津大学出版社．

刘少宗．1997．中国园林设计优秀作品集锦（海外篇）[M]．北京：中国建筑工业出版社．

陆琦．2004．岭南园林艺术 [M]．北京：中国建筑工业出版社．

陆琦．2005．岭南造园与审美 [M]．北京：中国建筑工业出版社．

莫伯治，莫俊英，郑昭，等．1964．广州泮溪酒家 [J]．建筑学报（6）：22-25．

山西考古研究所．1994．山西考古四十年 [M]．太原：山西人民出版社，257-261．

孙卫国，黄景华．2011．平湖虹廊戏碧波——莫伯治泮溪酒家泮岛餐厅及画舫设计思想研究与
    复建设计 [J]．中国园林．

汪菊渊．2006．中国古代园林史（上卷）[M]．北京：中国建筑工业出版社．

夏昌世，莫伯治．2008．岭南庭园 [M]．曾昭奋，整理．北京：中国建筑工业出版社．

曾昭奋．2009．莫伯治与酒家园林（上）[J]．华中建筑．

赵鸣．2002．山西园林古建筑 [M]．北京：中国林业出版社，75-76．

周琳洁．2011．广东近代园林史 [M]．北京：中国建筑工业出版社．

周维权．1999．中国古典园林史 [M]．北京：清华大学出版社，177-178．